ULRICH WALTER

Reiseziel Weltraum

ULRICH WALTER

Reiseziel Weltraum

Der ultimative Guide zu den Sternen

POLYGLOTT

Inhaltsverzeichnis

Auch für einen erfahrenen Astronauten immer wieder ein Highlight: Der Blick aus dem Fenster in die unendlichen Weiten des Weltalls. Autor Ulrich Walter bei Fotoaufnahmen auf seiner Shuttlemission im Jahre 1993.

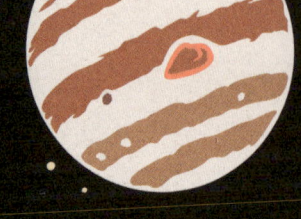

Die 10 Top-Highlights

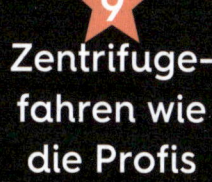

Höllenritt ins All

Kennedy Space Center, Florida/USA, Launch Pad 39A, Koordinaten: 28°36'32"N, 80°36'14" W

Da liegt man nun, auf dem Rücken, mit angewinkelten Beinen, in einem an den Körper angepassten Schalensitz, 65 Meter über der Startrampe in der Kapsel der *Crew Dragon* – der Raumfähre von SpaceX, die uns vier Besatzungsmitglieder in wenigen Sekunden in den Weltraum befördern soll. Dies sind der Ort und der Zeitpunkt, auf die man jahrelang hingefiebert hat. Man schließt das Visier und nimmt nur noch den aufs Notwendigste reduzierten, stakkatoartigen Funkverkehr des Air-to-Ground wahr, als wäre man von der Außenwelt abgeschnitten. Das Einzige, was man vor Augen hat, sind die drei riesigen Touchdisplays, über die das Raumfahrzeug vom Commander und Piloten bedient werden kann – was hoffentlich nicht der Fall sein wird, weil der Aufstieg ins All vollständig rechnergesteuert erfolgt.

Lift-off!

Dann ist es so weit! Zweieinhalb Sekunden vor dem Abheben werden die neun Flüssigkeitriebwerke der Unterstufe gezündet. Verbrennungswellen der noch treibstoffreichen Abgasstrahlen, die in den Düsen der Antriebe nachverbrennen, treffen von innen nach außen laufend auf die Düsenwände und erzeugen transversale Schockwellen, die blitzartig bis in die Kapsel hochlaufen, wo man kurz durchgeschüttelt wird. Draußen setzt ein ohrenbetäubendes Donnern ein, das noch in zwei Kilometern Entfernung einen Schalldruckpegel von 139 Dezibel erzeugt, weit über der Schmerzgrenze von 134 Dezibel. Drinnen hört man nichts von dem ganzen Inferno, das draußen den Zuschauern das Zwerchfell beben lässt. Stattdessen hört man über Funk nur: »Ignition, and Lift-off!«

Nach dem Zünden dauert es 2,5 Sekunden, bis die Antriebe hochgelaufen sind und Maximalschub erzeugen. Dann hebt die Rakete ab – Lift-off!

Die *Falcon 9* hat abgehoben … und was spürt man? Von den 4–5 g, der berüchtigten starken Beschleunigung von der vier- bis fünffachen Stärke der Erdanziehung, noch keine Spur! In den ersten drei Minuten entwickelt die *Falcon 9* zwar eine Leistung von knapp zehn Gigawatt, also rund 13 Millionen PS, und der entsprechende Schub von 770 Tonnen übersteigt die 550 Tonnen der ganzen Rakete um großzügige 40 Prozent; aber die Beschleunigung ist zunächst kaum stärker als bei einem rasanten Flugzeugstart – 2,4 g. Pro Sekunde werden aber 2,8 Tonnen Treibstoff mit einer Geschwindigkeit von rund 10 000 Kilometer pro Stunde nach unten ausgestoßen, was das Gewicht der Rakete schnell verringert. Bei konstantem Schub wächst daher die Beschleunigung schnell und merklich. Nach zwei Minuten und 40 Sekunden würde das Raketengewicht auf 120 Tonnen abnehmen und man würde mit 7,5 g in den Sitz gedrückt, was der menschliche Kreislauf nur wenige Sekunden aushielte. Daher werden nach genau zwei Minuten die Antriebe mehr und mehr gedrosselt und die Beschleunigung so auf 4,5 g begrenzt, was gerade noch erträglich ist. Der Brustkorb ist jetzt so schwer geworden, dass es schwerfällt, gegen ihn anzuatmen. Doch genau das hat man in der Zentrifuge geübt: Mit gezielter Lungenatmung den Brustkorb anheben und durch kurzzeitige Anspannung der

Anfangs noch steil, dann zunehmend flacher biegt die Rakete in den Erdorbit ein.

Die Crew Dragon *dockt an die Internationale Raumstation an.*

Bauchmuskeln das in den Bauchraum versackende Blut wieder zurück nach oben pressen, damit man klar im Kopf bleibt. Diese Situation, zusammen mit dem Wissen, dass man dieser Gewalt ohnmächtig ausgeliefert ist, macht das Ganze zu einem Höllenritt, der für immer in Erinnerung bleibt.

In der Zwischenzeit ist die Rakete langsam von einem fast senkrechten Aufstieg in einen seitlichen Flug übergegangen, wovon man aber nicht das Geringste bemerkt. Man steht unter der Beschleunigungslast, wird dabei immer nach unten in den Sitz gepresst und versucht einfach nur, die Situation im Griff zu behalten.

Ab jetzt kein Zurück mehr

Nach genau 162 Sekunden ist die Unterstufe ausgebrannt und der Schub geht auf null zurück – man ist nun kurzzeitig schwerelos und wird zum Glück durch die Gurte im Sitz gehalten. Die Unterstufe wird abgesprengt, was einen kurzen, alles durchdringenden Stoß erzeugt. Nach diesem befreienden Schubloch von genau 20 Sekunden setzt der Schub der zweiten Stufe mit nur einem Antrieb ein. Das Spiel geht von vorne

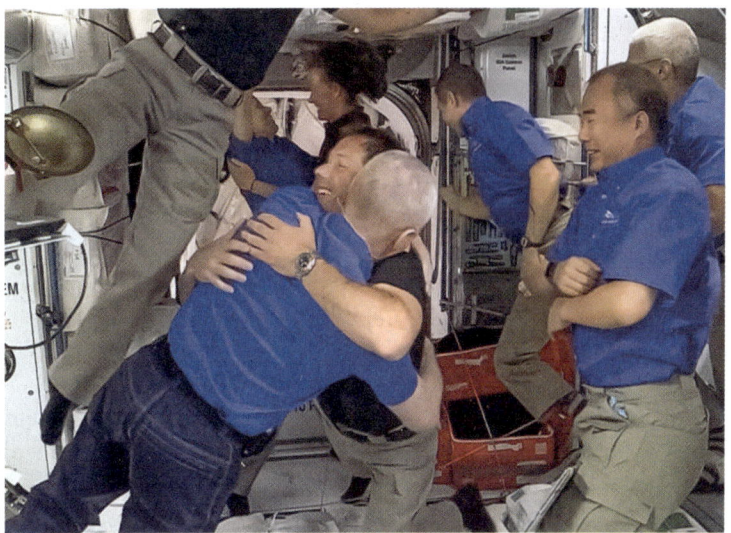

Der herzliche Empfang »der Neuen« durch die ISS-Besatzung

los: Anfangs eine kaum merkbare Beschleunigung, die erst nach zwei Minuten auf 1 g, nach weiteren zwei Minuten auf 2 g, dann aber rasant bis Brennschluss nach sechs Minuten auf 5 g anwächst. Auch dabei muss man sich zwingen zu atmen, weil es – trotz Atemnot – einfach angenehmer ist, nicht zu atmen, als durch die Atmung den Brustkorb mitsamt dem schweren Anzug nach oben zu stemmen. Die letzten 30 Sekunden bei 5 g sind wohl die schwierigsten, aber auch beeindruckendsten des ganzen Aufstiegs.

Dann, kurz bevor der Tank vollkommen entleert ist, lässt die Missionskontrolle wissen: »In 10 seconds we have MECO [*Main Engine Cutoff*]«, und innerhalb nur weniger Sekunden wird der volle Schub auf null heruntergefahren. Genauso plötzlich entlädt sich der Andruck von 5 g in die Schwerelosigkeit – man ist im Weltraum!

Nach rund 22 Stunden und etwa 14 Erdumrundungen hat man die ISS erreicht und dockt an. Aber wegen Druck- und Leck-Checks zwischen der *Crew Dragon*-Kapsel und der ISS dauert es noch anderthalb Stunden, bis die Luke zur ISS geöffnet und man von der dortigen Besatzung freudig empfangen wird.

Space rocks!

Was Weltraumreisen so besonders macht

Man könnte meinen: Warum in den Weltraum reisen, statt etwa nach … Australien? Für eine Antwort möchte ich der Frage nachgehen: Warum reisen wir überhaupt? Zum Beispiel, weil wir einfach mal ausspannen, die Seele baumeln lassen wollen. Oder wir möchten die Welt in all ihren Facetten erfahren, nicht mehr das tagtägliche Einerlei von zu Hause, sondern eine ganz andere Welt des Erlebens, der landschaftlichen Formen, Düfte und menschlichen Kulturen. Weltraumreisen bieten, wie viele andere Reisen auch, beides – jedoch mit einem ganz entscheidenden Unterschied. Wenn man auf der Erde reist, ist es, als würde man als Zootier von einem Tiergehege ins nächste wechseln, um andere Tierwelten zu erleben. Bei einem Weltraumflug wird man hingegen zum

Weltraumreisen –
eine andere Sicht
auf die Welt

Besucher des Zoos, der die Tiere mit Abstand aus einer anderen Perspektive sieht, sie miteinander vergleicht und somit die ganze Fülle der Lebensformen, aber auch ihre Unterschiede auf einmal bestaunt. Die erlebte Welt sind nicht mehr die vielen einzelnen Gehege, sondern der ganze Zoo. Hinter dem Zaun befindet sich nicht die vermeintliche Wildnis, sondern man erkennt, dass man bisher selbst hinter einem Zaun gelebt hat.

Doch Weltraumreisen unterscheiden sich von herkömmlichen Reisen in noch mach anderen Dingen. Bei meinem Besuch einer Grundschule im südschwedischen Växjö im Jahre 2015 fiel mir eine besonders engagierte neunjährige Schülerin namens Nancy auf. Auf die Frage, was sie an Raumfahrt denn so toll fände, donnerte sie mir mit vollem Enthusiasmus entgegen: »Space rocks!« Das blieb bei mir für immer hängen, denn das englische Verb »to rock« bedeutet auch »mitreißen«, und das trifft die Faszination haargenau: Raumfahrt ist einfach mitreißend, wenn man sich ihr einmal öffnet. Für Space-Tekkies ist Raumfahrt rockig, weil sie wissenschaftlich-technisch betrachtet umwerfend ist. Aber auch all die, die nichts davon verstehen oder sogar nichts verstehen wollen, können eine Reise ins All machen und die überwältigende Raumfahrt mit all ihren Sinnen erleben.

Was viele Menschen am Weltraum zudem »rockt«, ist der Zauber der »Final Frontier«: Raumfahrt als Archetypus des Narrativs *Abenteuer*, einer Grunderzählform der abendländischen Literatur. *Abenteuer* ist einerseits das Genre von der Bewältigung unbekannter Herausforderungen, aber gleichzeitig auch die symbolische Repräsentation der Entwicklung einer Person, die sich diesen Herausforderungen stellt. Ich denke, beides spielt bei der Faszination Raumfahrt eine tragende Rolle. Daher werden Weltraumtouristen eher keine Hawaiihemden tragende Touris mit einer Kamera um den Bauch sein, sondern Personen, die das besondere Abenteuer suchen.

Gott näherkommen

Tatsächlich hat Raumfahrt aber auch etwas Spirituelles. Mehr noch, in unserem Kulturkreis ist Raumfahrt ein Stück Religion. Dieser Gedanke mag für so manchen neu sein und abstrus klingen, aber je länger man darüber nachsinnt, umso überzeugender wird er. Ich selbst wurde von einem japanischen Freund darauf aufmerksam gemacht. Es war im Jahre 1994, als ich auf Einladung der Japanischen Raumfahrtagentur Japan besuchen durfte. Für diese Agentur hatte ich ein Jahr zuvor auf meiner Shuttle-Mission wissenschaftliche Experimente durchgeführt. Einer der japanischen Wissenschaftler, mit dem ich mich während des Trainings zu den Experimenten angefreundet hatte, hieß Tsuyoshi Kano. Ich nannte ihn Kano-san, denn mit dem Anhängsel »-san« drückt man im Japanischen die freundschaftliche Beziehung zueinander aus – er nannte mich daher Walter-san. Gemeinsam besuchten wir beide auch einen Shintō-Schrein in der Nähe von Tokio. Als wir davorstanden, wies er mich auf die flache Bauweise von Schreinen hin und machte dabei mit seinen beiden Händen eine ausladende, seitliche Bewegung. »Für uns Shintoisten«, so Kano-san, »ist Gott in der Natur.« Daher seien Japaner in ihren Gedanken sehr mit der Natur verbunden. Es sei ihm auf seiner Reise nach Deutschland aufgefallen, dass dies in Europa ganz anders sei: »Eure Kathedralen sind aufsteigend, himmelwärts gerichtet, und die Seelen steigen in den Himmel auf. In den fernöstlichen Religionen hingegen ist die Seele mit der Natur verbunden, insbesondere mit den Bergen und Bäumen. So gibt es keinen tieferen Grund ›nach oben‹ zu steigen. Euer Gott ist im Himmel, unserer hier unten bei uns!« Und er fügte hinzu: »Ich glaube, das ist der tiefere Grund, warum in der westlichen Welt Raumfahrt so populär ist. Ihr wollt damit Eurem Gott näherkommen. Wenn ihr in den Himmel fahrt, glaubt ihr, damit eine höhere Einsicht in die Welt zu erhalten.« Als er das sagte, erinnerte ich mich an die Frage, die mir nach meiner Mission wohl am häufigsten gestellt wurde: »Herr Walter, sind Sie bei Ihrer Mission Gott nähergekommen?« Kano-san hatte eine tiefer gehende Wahrheit ausgesprochen, die uns unbewusst bewegt. Was uns auch in den Himmel treibt, ist die Hoffnung auf höhere göttliche Einsicht.

Diese Haltung findet man in allen christlich geprägten Nationen. Als die NASA am 9. April 1959 ihre ersten sieben Astronauten in einer groß angelegten Pressekonferenz vorstellte, interessierte sich die Presse nicht für deren Flugerfahrung als Jetpiloten in der Air Force noch deren Flugrekorde, die sie dabei gesammelt hatten, noch für deren Einsätze bei den kommenden *Mercury*-Raumflügen. Die Fragen, auf die keiner der Astronauten und die NASA vorbereitet waren, lauteten:»Glauben Sie an Gott und praktizieren Sie Ihren Glauben? Was glauben Sie, ist die langfristige Rolle der Raumfahrt in der menschlichen Perspektive? Sind Sie dem amerikanischen Staat ergeben? Sind Sie verheiratet, haben Sie Kinder?« Dazu passend lautete die Antwort des berühmten amerikanischen Schriftstellers Norman Mailer auf die Frage nach seiner Meinung zur ersten *Apollo*-Mondlandung:

»Was wir in dieser Zeit der Menschheitsgeschichte suchen, ist eine Erweiterung des menschlichen Bewusstseins, eine Wiederentdeckung spiritueller Werte, an denen wir festhalten können, weil sie uns vertiefen.«

Noch packender drückte es der Schriftsteller Ray Bradbury aus:

»Wenn die Explosion eines Raketenstarts dich gegen die Wand schmettert und der ganze Staub von Deinem Körper abgeschüttelt ist, wirst Du den großen Schrei des Universums und das freudige Weinen von Menschen hören, die durch das, was sie gesehen haben, verändert wurden.«

Und schließlich die beiden deutschen Philosophen Rainer Zimmermann und Ernst Sandvoss in ihrem Buch »Philosophische Aspekte der Raumfahrt«:

»Ich kenne keinen Zweig moderner Wissenschaften und Technologien, der in höherem Grade bewusstseinsbildend und bewusstseinsverändernd wirken kann, als die Raumfahrt.«

Selbst in unserer heutigen zunehmend atheistischen Kultur besteht diese Vorstellung nach wie vor. Für Robert Todd Carroll, Professor für Philosophie am Sacramento City College in Kalifornien, ist »UFOlogie die Mythologie des Weltraumzeitalters« und der große Physiker Paul Davies drückte es in seinem Buch »Sind wir allein im Universum?« so aus:

»Außerirdische spielen ihre Rolle als Engel, als Vermittler zwischen der Menschheit und Gott, die uns verschlüsselte Wege zu okkultem Wissen über das Universum und die menschliche Existenz weisen.«

Der »Overview-Effekt«

Sicherlich ist jedem, allein schon intuitiv, klar: Eine Weltraumreise muss etwas ganz anderes sein als eine Reise nach Italien oder selbst eine Weltreise. Was ist der entscheidende Unterschied? Ich vergleiche es gerne

mit der Situation, wenn man zum ersten Mal
seine Heimatstadt für längere Zeit verlässt
und in eine Großstadt zieht. Die Heimatstadt
war bis dahin der Nabel der Welt. Wenn man
nach einem Jahr oder zwei Jahren zurück-
kommt, empfindet man das aber ganz anders. Sie ist viel kleiner als in der Erinnerung
– irgendwie puppiger. Ihre Bedeutung muss
sich nun an der anderer Städte messen lassen. Natürlich bleibt sie meine Heimatstadt
und das ein Leben lang, aber man ist nun ein
Bürger Deutschlands geworden. Mehr noch,
jeder, der einige Jahre im Ausland gelebt hat,
wird nach Deutschland zurückkommen und
so manches an den Deutschen nicht mehr
verstehen. Man hat andere Kulturen kennengelernt, die in ihrer Art faszinierend sind.
Doch warum vertreten Deutsche oft eine
moralisch überhebliche Haltung gegenüber
anderen Kulturen? Nehmen wir Esskulturen:
Das Bio-Öko-Sonnenblumenkern-Bauern-
brot aus Dinkel mag zwar das Nonplusultra

der deutschen Ernährung sein, aber ein kulinarischer Hochgenuss ist
doch etwas anderes. Und ein ernährungsphysiologisch wertvolles Brot
allein macht noch keine Esskultur aus.

Das Zauberformel lautet »Abstand gewinnen«. Wer Abstand gewinnt,
sieht die Dinge des Lebens anders. Der ultimative Abstand und somit
auch Erkenntnisgewinn ist ein Flug ins All. Es reichen bereits 400 Kilometer über der Erde, wie es heute bei der Internationalen Raumstation
oder in naher Zukunft bei einem Weltraumhotel der Fall ist. In dieser
Höhe umrundet man die Erde alle 90 Minuten ein Mal und sieht dabei
die Erdoberfläche in einem Streifen von etwa 2000 Kilometern Breite.
Innerhalb von zwei Tagen hat man – wenn die wenigen Wolken es zulassen – alle bewohnten Erdteile einmal gesehen.

Wenn man zum ersten Mal dort oben aus dem Fenster schaut, ist die
typische Frage: »Wo wohne ich?« Man muss dann schon ganz genau

Abstand gewinnen und die Dinge anders sehen: Norddeutschland, aufgenommen von der ISS aus 400 Kilometern Höhe

hinsehen, um dort unten in diesem graugrünen Einerlei Nordeuropas einen kleinen, unscheinbaren, hellgrauen Punkt als Heimatstadt auszumachen. Dann schweift der Blick in die unmittelbare Umgebung und man versucht, Deutschland zu erkennen. Aber ein derartiges Deutschland gibt es von dort oben nicht, denn Staaten haben keine optischen Grenzen, jedenfalls nicht aus der Entfernung. Staatliche Grenzen existieren nur in unserem Kopf. Sie wurden uns im Schulunterricht mithilfe von Weltkarten und Globen eingetrichtert, auf denen jedes Land eine andere Farbe hat. In der »echten Welt« existieren all diese Trennungen nicht, doch man versteht das erst jetzt, wenn man das grenzenlose Europa mit eigenen Augen sieht.

Schließlich passiert etwas, womit auch ich nicht gerechnet hatte. Keiner hat den nun einsetzenden Mind Shift besser beschrieben als Sultan Bin Salman al-Saud aus Saudi-Arabien (genau genommen ist er der erste

Weltraumtourist gewesen) nach seiner Space-Shuttle-Mission im Juni 1985:

»Am ersten Tag deutete jeder von uns auf sein Land.
Am dritten oder vierten Tag zeigte jeder auf seinen Kontinent.
Ab dem fünften Tag gab es für uns nur noch eine Erde.«
Diesen Ausspruch kennt jeder Astronaut. Er wurde weltberühmt durch das Buch von Frank White aus dem Jahre 1987 mit dem Titel »The Overview Effect«.

Der Ich-Findungs-Effekt

Diese Neuordnung der Erde im Bewusstsein des Betrachters ist aber nur ein wichtiger Aspekt eines Raumfluges. Ein mindestens ebenso wichtiger ist der, den ich mit dem Ausdruck *Ich-Findungs-Effekt* beschreiben möchte. Der dänische Wissenschaftsjournalist Tor Nørretranders drückte ihn einmal so aus:

»Auf den aufrüttelnden Anblick des Planeten von außen folgt ein Bewusstwerdungsprozess, der sich in seiner Intensität durchaus mit jenem messen lässt, der einsetzte, als die Menschen sich selbst im Spiegel zu betrachten begannen.«

Er münzte diese Erfahrung auf das, was ihn veränderte, nachdem er die Bilder der Erde, aufgenommen vom Mond während der *Apollo*-Mondmissionen, gesehen hatte. Lassen Sie mich das mit eigenen Worten so beschreiben: Die Essenz der menschlichen Erforschung des Weltraums ist der Versuch, das Selbst im Zusammenhang mit der Schöpfung zu sehen. Wer bin ich? Welche Rolle spielen ich und die Menschheit in dieser Unendlichkeit des Universums, dessen Nichts sich vor mir mit seiner erschreckenden Schwärze, nur punktiert mit Sternen wie Nadelstiche, ausbreitet? Oder im Sinne meines *Apollo 8*-Astronautenkollegen William Anders:

»Wir waren aufgebrochen, um den Weltraum zu erkunden, doch wir entdeckten uns selbst.«

Selbst-Verständnis ist für jeden eine wichtige Erkenntnis. Raumfahrt trägt dazu bei. Aber es reicht nicht, wenn diese Erkenntnis auf Einzelne beschränkt bleibt. Das wäre wie eine wissenschaftliche Erkenntnis, die man für sich behält. Solcherart Erkenntnisse gilt es, mit anderen zu tei-

Inzwischen ein Ikone der Raumfahrt:
Das erste Bild der Erde, aufgenommen
vom Mond von der Apollo 8-Mission
am 24. Dezember 1968

len. Erst das erzeugt ein Wir-Gefühl und das Gefühl, dass wir alle im selben Boot »Erde« sitzen, das friedlich, aber verletzlich durch das All treibt. Wir steuern es und bestimmen unsere Zukunft selbst – kein anderer kann uns dabei helfen. Dazu müssen alle diese »Wir-sitzen-in-einem-Boot«-Erkenntnis gewinnen. Jeder muss dazu hinausfahren. Diese Situation gab es im 16. Jahrhundert schon einmal in ähnlicher Form. Der Nabel der Welt war seinerzeit Europa. Die ersten Seefahrer brachten Kunde von anderen Kontinenten, die Welt war weit größer und anders als gedacht. In dieser geistigen Aufbruchstimmung der Renaissance schrieb der englische Philosoph und Staatsmann Francis Bacon im Jahre 1620:
»Multi pertransibunt et augebitur scientia.«
(»Viele werden hinausfahren und die Erkenntnis wird wachsen.«)

So ist es auch heute. Weltraumtouristen werden hinausfahren, ihre Erkenntnis wird wachsen. Indem sie allen Zuhausegebliebenen davon erzählen, wird die Erkenntnis Allgemeingut. Neben dem persönlichen Wow-Effekt einer Weltraumreise ist das der tiefere Sinn der Raumfahrt. Angesichts dieser historischen Dimension der Raumfahrt empfinde ich es als ein Privileg – und ich denke, jeder Weltraumtourist wird dem zustimmen –, auf der Erde gelebt zu haben, als die Menschheit sie erstmals verließ, und sagen zu können: »Wir waren dabei!«

Horn von Afrika und Golf von Aden

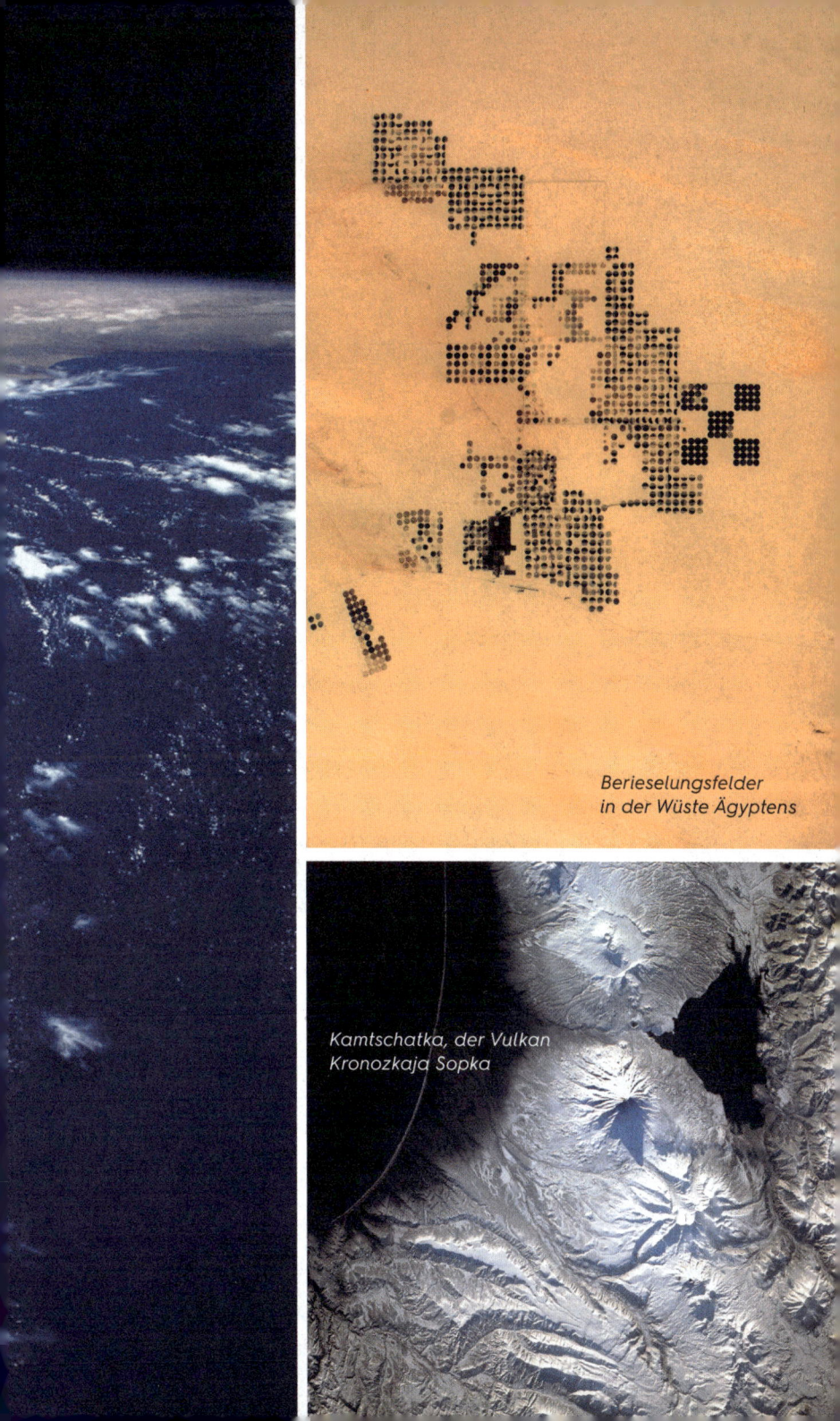

Berieselungsfelder
in der Wüste Ägyptens

Kamtschatka, der Vulkan
Kronozkaja Sopka

Antarktis, Aurora australis

*Nordamerika, Salz-
gewinnung am
Großen Salzsee*

usbruch des Kljutschewskoi-
ulkans auf Kamtschatka im
ahre 1994

Wolken über der Sahara

Sonnenuntergang

Australien, Lake Mackay

Alaska,
Unimak Island

Madagaskar, Mündungs-
delta des Betsiboka

Nordamerika,
Marschland der
Adair Bay

Bahamas,
Crooked island

Italien, Ausbruch des
Ätnas im Oktober 2002

Indonesien,
Insel Yeina

Australien,
Lake Eyre

Weltraumreisen ... ein Blick zurück

Ein uralter Menschheitstraum

Der Traum, den Weltraum zu bereisen, ist uralt. Bereits in der Antike glaubte der Naturphilosoph Anaxagoras (ca. 499–428 v. Chr.), die Sonne und die Sterne seien glühende Steine und der Mond ein bewohnter erdartiger Himmelskörper mit »Gebirge, Hügel, Schluchten und Häusern, genau wie bei uns«, etwa von der Größe der griechischen Insel Peloponnes. Man darf Anaxagoras zudem als ersten Kosmopoliten des Abendlandes bezeichnen, denn nach seinem Vaterland gefragt, soll er mit erhobenen Armen auf den Himmel gedeutet und so den Kosmos als das wahre Vaterland des Menschen bezeichnet haben.

In nachchristlichen Zeiten wuchs das Interesse der Griechen am Mond und nährte ihre Spekulationen über außerirdische Lebewesen auf diesem Erdbegleiter. Das zufällige Erscheinungsbild der Mondoberfläche als Mondgesicht inspirierte den griechischen Priester Plutarch (46–120 n. Chr.) in seinem Buch »De facie in orbe lunae« (»Das Mondgesicht«) zu Überlegungen, ob ein Leben auf dem Mond überhaupt möglich wäre. Er kommt zu der Überzeugung, dass dem so sein müsste, weil sonst der Mond ohne Sinn und Zweck geschaffen sei, wenn er nicht »Früchte wie ein irdi-

Diese Fantasien beflügelten die nachfolgenden Generationen, darüber nachzudenken, wie man zu dem erdähnlichen Mond mit seinen Bewohnern reisen könnte.

sches Leben« hervorbrächte. Dieses Buch von Plutarch war der Auslöser für den Mythos des Mannes im Mond, der sich im Mittelalter in vielen Kulturen, insbesondere aber im englischsprachigen Raum verbreitet hat. Eine spätere griechische Quelle, bekannt als »Pseudo-Plutarch« (etwa 3. oder 4. Jh. n. Chr.), bezieht sich auf die angeblich pythagoräische (Pythagoras ca. 570–510 v. Chr.) Annahme, dass

»… der Mond terraner Natur ist, bewohnt ist wie unsere Erde und größere Tiere und Pflanzen mit seltenerer Schönheit beheimatet als unsere Erde es sich leisten kann. Die Tiere in ihrer Art und Stärke sind uns um 15 Grade überlegen, geben keine Exkremente von sich, und die Tage sind fünfzehn mal länger.«

Der Mond war also schon seit jeher Gegenstand von Fantasien. Mehr als Fantasien konnten es damals aber nicht sein, denn wissenschaftliche Erkenntnisse gab es noch nicht. Aber diese Fantasien beflügelten die nachfolgenden Generationen, darüber nachzudenken, wie man zu dem erdähnlichen Mond mit seinen Bewohnern reisen könnte.

Erste Raumfahrtromane

Das Buch von Plutarch scheint Auslöser für den ersten Raumfahrtroman in der Geschichte der Menschheit gewesen zu sein, »Vera historia« (»Wahre Geschichten«) des griechischen Satirikers Lukian von Samosate (120–180 n. Chr.). Lukian erzählt in seinem Buch die fantastische Geschichte einer Schiffsreise zum Mond, wohin er zusammen mit vielen weiteren Helden gelangt, als sein Schiff am Ende der Welt von einem mächtigen Orkan ergriffen wird. Dieser hebt das Schiff 3000 Stadien empor, woraufhin es beginnt, in den Weltraum hinauszusegeln. Nach acht Tagen ziel- und planlosen Umherfahrens treffen sie zufällig auf eine große, leuchtende Insel, die, wie sich später herausstellt, der Mond ist. Die irdischen Reisenden werden dort gleich von seinen menschenartigen Bewohnern, den Hippogryphen – menschliche Fabelwesen, die auf geflügelten dreiköpfigen Geiern reiten –, gepackt und zu ihrem König geschleppt, der sich als Endymion, der berühmte Hirte der griechischen Mythologie, entpuppt. In der folgenden Erzählung beschreibt Lukian sehr detailreich die Armee des Endymion, deren Fußvolk sich allein auf 60 Millionen Mann beläuft und das in Anlehnung an die griechische Fabelwelt als Pferdegeier, Kohlvogelreiter, Flohschützen, Windläufer und so weiter beschrieben wird. Diese Armee führt einen bitteren Krieg mit Phaeton, dem Beherrscher der Sonne. Lukian weiß aber neben diesem kriegerischen Treiben auch andere Merkwürdigkeiten zu berichten:

*Lukian von Samosate
(120–180 n. Chr.)*

Auf dem Mond gibt es keine Frauen, junge Männer werden an der Wade schwanger und andere entstehen aus dem Erdboden wie Pflanzen. Die Wesen dort sterben auch nicht nach irdischer Art, sondern »sauber«. Sie lösen sich ganz einfach in Rauch auf.

In einem zweiten Roman namens »Ikaromenippus« lässt Lukian seinen Helden Menippus, nach dem Vorbild von Ikaros, mit angeschnallten Adler- und Lämmergeierflügeln zum Mond fliegen und schließlich im Auftrag der Mondgöttin Luna noch darüber hinaus bis in das Reich des obersten Gottes Jupiter. Diese ersten beiden Raumfahrtromane sollten sich als »Bestseller« und als Ausgangsbasis aller Raumfahrtutopien des 17. Jahrhunderts erweisen.

Diese neuzeitlichen Utopien begannen bei dem großen Astronomen Johannes Kepler. Angeregt durch die Mondflecken und Plutarchs Mutmaßungen über Leben auf dem Mond, glaubte auch Kepler an ein solches, trotz seines wissenschaftlichen Denkens. Ein weiterer wichtiger Grund für ihn war sein Harmoniebewusstsein. Die exakt kreisrunden Formen der Mondkrater konnten für ihn nicht zufälliger Natur sein, sondern nur das Produkt intelligenter Wesen:

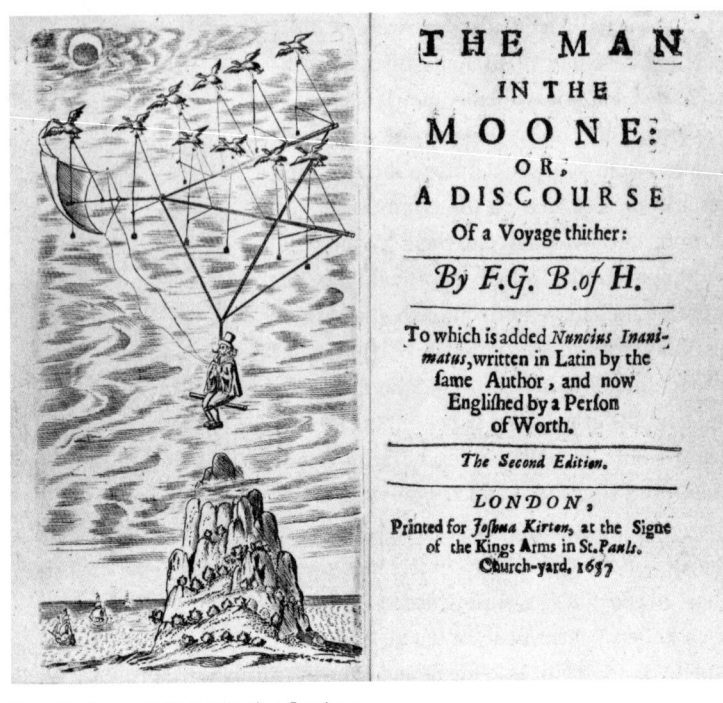

Frontispiz und Titelseite des Buches
»The Man in the Moon« von Francis Godwin

»... und nehme ich an, dass der Körper des Mondes von der Art der Erde ist, ein Globus, der Wasser und Land umfasst. ... Daher gibt es auf dem Mond Lebewesen mit sicherlich viel größeren Körpern und einer größeren Duldsamkeit als die Unsrige. Denn wenn es solche Lebewesen gibt, dann entspricht deren Tag fünfzehn der unseren und sie müssen die unerträgliche Hitze und die senkrechten Sonnenstrahlen aushalten. Und nicht ungerechtfertigterweise will es der Aberglaube, dass der Mond der Ort ist, wo die Seelen gereinigt werden.«

In diesem letzten Satz spricht Kepler den Glauben der Seelenwanderung zu den Himmelskörpern an, der im Abendland erstmals etwa im 8. Jahrhundert v. Chr. bei den Orphikern aufkam. Kepler, der das »Vera historia« des Griechen Lukian kannte und ins Lateinische übersetzte, befasste sich auch mit der Frage, wie man zum Mond reisen könne. In seinem Buch aus dem Jahre 1634 mit dem Titel »Somnium seu astronomia

Lunaris« (»Der Mondtraum oder die Astronomie des Mondes«) versuchte er erstmals, bekannte Tatbestände und sachliche Hypothesen einzubringen und nicht nur fantastische Geschichten zu erzählen. So lässt er seine Raumreisenden nicht zum Mond »fliegen«, da ja zwischen Erde und Mond luftleerer Raum liegen müsse. Andererseits glaubte er, dass es irgendwann »Himmelsschiffe« geben müsse, »deren Segel den himmlischen Winden« angepasst und die mit »Welterkundlern« besetzt seien, die »den Himmel befahren und dabei die Unendlichkeit des Alls nicht fürchten«.

Lukians »Vera historia« beflügelte auch weitere Schriftsteller. Im Jahre 1638 erschien das Buch »The Man in the Moon: Or a Discourse of a Voyage Thither« des englischen Bischofs Francis Godwin, das 1652 im Deutschen unter dem Titel »Der fliegende Wandersmann nach dem Mond« herauskam und durch weitere Ausgaben als »Der Mann im Mond« einen nachhaltigen Einfluss auf die spätere deutsche Literatur hatte. Ähnlich wie Kepler schildert er eine Flugreise des spanischen Edelmanns Domingo Gonsales zum Mond, wobei er sich aber über die Kepler'sche Erkenntnis, zwischen Erde und Mond befände sich keine Luft, freizügig hinwegsetzt und als Gefährt ein von Vögeln gezogenes Gerüst annimmt.

Bischof John Wilkens ging die Frage des Transportmittels in seinem Buch »The Discovery of a World in the Moon« (»Die Entdeckung einer Welt auf dem Mond«) systematischer an und

Cyrano wird von den brennenden Raketen in die Höhe transportiert. (Nachzeichnung des Originalbildes)

In Ichform erzählt er, wie er von Soldaten Raketen an einem einfachen Kasten anbringen lässt, in die Flugmaschine springt und von den brennenden Raketen in die Höhe transportiert wird.

fand die folgenden vier prinzipiellen Möglichkeiten: mit Geistern und Engeln, mit Vögeln, mit Flügeln und mit einem »fliegenden Wagen«. Der tatsächlichen physikalischen Grundlage näherte sich erst der französische Satiriker und Schriftsteller Cyrano de Bergerac in seinem Raumfahrtroman »L'autre monde: ou les États et Empires de la Lune et du Soleil« (»Die andere Welt: Oder die Staaten und Reiche des Mondes und der Sonne«) aus dem Jahre 1657 an. In Ichform erzählt er, wie er von Soldaten Raketen an einem einfachen Kasten anbringen lässt. Cyrano springt in die Flugmaschine und wird von den brennenden Raketen in die Höhe transportiert. Als die Raketen ausgebrannt sind, fällt die Flugmaschine zurück. Er hingegen steigt weiter in Richtung Mond auf, denn er hat die Abschürfungen seiner Haut, die er beim vorangegangenen Flugversuch erlitten hatte, mit Knochenmark eingeschmiert, welches der Mond »an sich zieht, wie man weiß«. Obwohl Cyrano die Möglichkeiten einer Rakete für Raumflugzwecke hiermit als Erster richtig verstand, musste er dennoch zum augenzwinkernden Kniff einer vom Mond angezogenen Knochenmarksalbe greifen, da ihm die nur kurze Brenndauer der bis dahin für militärische Zwecke benutzten Raketen durchaus bekannt war.

Die Vorstellung, dass alle Planeten und Monde in unserem Sonnensystem bevölkert sein müssten, wurde im Laufe des 18. Jahrhunderts und mehr noch im 19. Jahrhundert zunehmend populär. Der wohl prominenteste Vertreter dieser Idee vom sogenannten Pluralismus war Thomas Dick (1774–1857), ein Pfarrer einer kleinen Kirche in Schottland. Sowohl von der Wissenschaft als auch vom Glauben angetan, macht er in seinem Buch »Celestial Scenery« (»Himmlische Landschaften«) als Erster genaue Angaben über die Bevölkerungszahl auf den Planeten und deren Monden in unserem Sonnensystem. Ausgehend von der Bevölkerungsdichte Englands und der Vernachlässigung möglicher Meere kam er auf insgesamt 21 891 974 404 480 Wesen, also etwa 22 Billionen. Für die gesamte Bevölkerung des sichtbaren Universums gab er 60 573 000 000 000 000 000 000, also 60,573 Trilliarden Wesen an.

Raumflüge in der Science-Fiction-Literatur

Bei so vielen vermuteten erdähnlichen Himmelskörpern und mit der Technisierung des Lebens im 19. Jahrhundert wuchs das Interesse an realistischeren Möglichkeiten, um zum Mond und darüber hinaus zu kommen. Der Begründer der modernen Science-Fiction-Literatur Jules Verne verfasste gleich zwei Romane über Flüge zum Mond: »De la Terre

Das konische Projektil in Jules Vernes Roman »De la Terre à la Lune«

In den 1920er- und 30er-Jahren gab es einen regelrechten Raketenhype, im Zuge dessen realistischere Fachartikel über Raumfahrt erschienen.

à la Lune« (»Von der Erde zum Mond«) aus dem Jahre 1865 und »Autour de la Lune« (»Reise um den Mond«) aus dem Jahr 1869. Ersterer beschreibt die Idee des fiktiven Kanonenclubs in Baltimore, einige seiner Mitglieder zum Mond zu schießen. Nach ausführlichen Diskussionen wird ein konisches Projektil von 2,7 Metern Durchmesser gebaut, um vom fiktiven Stone's Hill südlich des Okeechobee-Sees in Florida mit einer gigantischen Kanone von 270 Metern Länge zum Mond geschossen zu werden. Im genannten Fortsetzungsroman findet der Schuss mit drei Personen statt. Weil das Projektil aber den Mond verfehlt, umkreist es diesen stattdessen und gelangt so auf eine Rückkehrbahn zur Erde, wo die Reisenden im Pazifischen Ozean wässern.

Erst diese beiden Romane – oft zusammengefasst zum Roman »Von der Erde zum Mond und um ihn herum« – lösten einen Hype über Raumflüge aus. Jacques Offenbach adaptierte bereits im Jahre 1875 Vernes Romangeschichte zu seiner Operette »Le voyage dans la lune« (»Die Reise zum Mond«). Inspiriert von Vernes Romanen und Offenbachs Operette schrieb der englische Schriftsteller H. G. Wells im Jahre 1901 den sehr erfolgreichen Roman »The First Men in the Moon«, in dem zwei Protagonisten mithilfe des neu erfundenen Antigravitationsmaterials Cavorite (»Es erzeugt in der Luft oberhalb des Materials Schwerelosigkeit«) zum Mond gelangen. Dort treffen sie auf insektenähnliche, intelligente Kreaturen, die sie Seleniten nennen. Nach gewalttätigen Auseinandersetzungen mit den Seleniten kehrt nur einer der beiden wohlbehalten auf die Erde zurück.

Mit der praktischen Entwicklung von Raketenantrieben in den 20er-und 30er-Jahren des vergangenen Jahrhunderts – eine Zeit des Raketenhypes – entstanden realistischere Fachartikel über Raumfahrt. Jedoch erst in den 50er-Jahren erwachte das Genre Science-Fiction erneut. Arthur Clarkes Romane verschmolzen gekonnt Fiktion und Realität. Sie waren der Anstoß zum sogenannten »Astrofuturismus« in der Nachkriegszeit. In »Prelude to Space« (1951) beschreibt Clarke eine realistische zweistufige Nuklearrakete für Flüge zum Mond, in »Islands in the Sky« aus dem Jahr 1952 erläutert er erstmals die genaue Funktion bewohnbarer Raumstationen und in »The Sands of Mars« (1951) schildert er einen Flug zum Mars und einer dortigen permanenten Basis.

Im Laufe der Jahre beschäftigten sich weitere Autoren mit der Weite des Weltraums und mit neuem Leben auf dem Mars, dem Mond und anderen Planeten. Einige der bekanntesten und herausragenden Science-Fiction-Werke aus dieser Zeit sind Robert A. Heinleins »Space Cadet« (1948), »The Voyage of the Space Beagle« von A. E. van Vogt (1950), »Marooned on Mars« (Lester del Rey, 1952), »Missing Men of Saturn« (Robert S. Richardson, 1953) und »Starman's Quest« (Robert Silverberg, 1958). Im deutschsprachigen Raum wurden die Bücher des deutschen Raumfahrtpioniers Wernher von Braun und des Wissenschaftspublizisten Willy Ley populär: »Die Eroberung des Weltraums« (1953), »Die Eroberung des Mondes« (1954) und »Die Erforschung des Mars« (1957). Diese drei faszinierenden Werke mit teilweise wunderschönen Illustrationen von Chesley Bonestell, dem berühmten »Vater moderner Weltraumkunst«, befinden sich auch in meiner Raumfahrt-Bibliothek, zusammen mit dem prächtigen Bildband »The Art of Chesley Bonestell« von Ron Miller und Fredrick Durant III.

Raumflüge in Kino- und Fernsehfilmen

Die Faszination der Mondflugliteratur fand sehr schnell eine Umsetzung in Kinofilmen. Nur ein Jahr nach Wells' Roman »The First Men in the Moon« erschien im Jahre 1902 der erste und sicherlich bis heute einflussreichste Film, nämlich »Le Voyage dans la Lune« (»Die Reise zum Mond«) von Georges Méliès, der eine direkte Umsetzung von Jules Vernes Romanen ist. Damit ist er auch der erste Science-Fiction-Film der Geschichte.

Die Rakete war wohl die wichtigste Raumfahrtikone des 20. Jahrhunderts, die einen realistischen Zugang zum Weltraum ermöglichte. Der in den 1920er-Jahren in der deutschen Bevölkerung einsetzende Raketenhype war der Anlass zum Stummfilm »Frau im Mond« von Fritz

Aus Georges Méliès' Film »Le Voyage dans la Lune«. Das Projektil wird unter der feierlichen Begleitung einer Gruppe von Damen in die Kanone geschoben und diese dann gezündet.

Filmplakat von Fritz Langs Kinofilm »Frau im Mond«

Lang, der im Jahre 1929 in die Kinos kam. Ein projektilartiges Raumfahrzeug, ganz im Stil von Jules Vernes, mit sechs Personen Besatzung (darunter eine Frau sowie ein kleiner Junge als blinder Passagier) soll mit einer Rakete namens »Frieden« zum Mond fliegen, um auf seiner Rückseite Gold abzubauen. Nach einer Beinahebruchlandung finden sie tatsächlich das gesuchte Gold. Jedoch kommen zwei Besatzungsmitglieder auf dem Mond ums Leben, zwei weitere müssen wegen einer Verkettung von Umständen zurückbleiben. Schließlich fliegen nur zwei Personen, darunter der kleine Junge, zurück zur Erde. Der Film begründete auch die bis heute benutzte Zählweise beim Count-down: zehn, neun, acht, sieben, sechs, fünf, vier, drei, zwei, eins, NULL.+++

In Großbritannien entstand 1936 der Film »Things to Come« (»Was kommen wird«) und fand internationale Verbreitung. Basierend auf seinem Roman »The Shape of Things to Come« schrieb H. G. Wells das

Die Raumfahrt als Speerspitze der Technik war das Symbol für technische Überlegenheit.

Drehbuch, das sich um Raketen und Raumflüge dreht. Der US-amerikanische Science-Fiction-Film »Destination Moon« (»Endstation Mond«) aus dem Jahr 1950 erzählt die Geschichte einer privat finanzierten Reise zum Mond und geht auf einen Roman von Robert A. Heinlein zurück.

In Deutschland war im Jahre 1966 die siebenteilige Science-Fiction-Fernsehserie »Raumpatrouille – Die phantastischen Abenteuer des Raumschiffes Orion« (häufig auch nur »Raumschiff Orion« genannt) ein Straßenfeger. Sie hat mit ihrer futuristischen Technik, der hypermodernen Kleidung und den außergewöhnlichen Frauenfrisuren bis heute Kultcharakter. Ich kenne jede Szene dieser Serie mit Commander McLane als eigensinnigem Raumfahrthelden und seiner attraktiven Widersacherin Tamara Jagellovsk vom galaktischen Sicherheitsdienst auswendig.

Weltweit bekannter ist die Fernsehserie »Star Trek«, die in den Vereinigten Staaten von 1966 bis 1969 erstausgestrahlt wurde. Wegen des großen und lang andauernden Erfolgs erschienen in den Jahren 1979 bis 1991

Vier unentschlossene Besatzungsmitglieder des »Raumschiffs Orion« mit der blonden Aufseherin des galaktischen Sicherheitsdienstes

die ersten sechs »Star Trek«-Kinofilme. Genauso bekannt und beliebt wurde seit 1977 auch die Kinofilmreihe »Star Wars« des Regisseurs George Lucas.

Im Jahre 1968 erschien der Kult-Kinofilm »2001: A Space Odyssey« (Deutsch: »2001: Odyssee im Weltraum«) von Stanley Kubrick. Die Geschichte erzählt vordergründig von einer rotierenden Raumstation und dem Machtkampf zwischen dem intelligenten Computer HAL und seiner Besatzung, hintergründig und mystisch die Entwicklung der Menschheit vom Affen bis zur Raumfahrtzivilisation.

Meilensteine der bemannten Raumfahrt

Der Wettlauf zweier Nationen Bekanntlich war der erste Mensch im Weltraum ein Sowjetbürger, Juri Gagarin, und das ist bis heute der Stachel im Fleisch der großen Raumfahrtnation USA. Nach Gagarins Flug am 12. April 1961 waren sie mit Alan Shepards Flug am 5. Mai 1961 knapp nur Zweiter. Tatsächlich waren die beiden Flüge aber nicht vergleichbar, denn während Gagarin einmal die Erde umrundete, also or-

Die erste Gruppe ausgewählter US-Astronauten im Jahre 1960. Alan Shepard links hinten und John Glenn Zweiter von rechts vorne.

Juri Gagarin und
Valentina Tereshkova

bital flog und damit auch international als erster Astronaut gilt, flog
Shepard nur suborbital; seine Reise führte ihn zwar auch ins All, aber
auf einer parabelförmigen Flugbahn war er bereits nach 15 Minuten
wieder zurück. Erst John Glenn zog am 20. Februar 1962 mit Gagarin
gleich, umrundete dreimal die Erde und gilt damit als erster amerikanischer Astronaut.

Die 1960er-Jahre waren die Zeit des Kalten Kriegs zwischen Ost und
West, bei dem es auch um die Demonstration technischer Überlegenheit ging. Die Raumfahrt als Speerspitze der Technik war das Symbol
dafür. Sie galt damals – und so ist es bis heute – als die letzte große
technische Herausforderung der Menschheit. Die beiden einzigen damaligen Raumfahrtnationen USA und Russland mussten also möglichst schnell ihre Überlegenheit demonstrieren. Der US-Präsident
John F. Kennedy erkannte das Prestige der Raumfahrt und forderte vor
dem US-Kongress am 25. Mai 1961 die Russen zu einem Wettlauf zum
Mond auf, indem er verkündete: »Ich glaube, dass diese Nation sich
dazu verpflichten sollte, noch vor Ablauf dieses Jahrzehnts einen Menschen auf dem Mond zu landen und ihn sicher zur Erde zurückzubringen.« Die Russen nahmen den Fehdehandschuh auf und starteten ihrer-
seits ein bemanntes Mondflugprogramm.

Um auf dem Weg dorthin weiterhin ihre Überlegenheit zu demonstrieren, beeilten sich die Russen, die erste Frau in den Weltraum zu bringen.

Am 16. Juni 1963 flog Valentina Tereshkova für fast drei Tage in den Erdorbit.

Nachdem die bedeutendsten Rekorde der Raumfahrt erreicht waren, blieben einige nicht mehr ganz so öffentlichkeitswirksame, nichtsdestoweniger technisch herausfordernde Rekorde zu meistern. Am 18. März 1965 machte der Russe Alexei Leonow den ersten Weltraumspaziergang. Erst mit ihren *Gemini*-Flügen, die als Vorbereitung auf die *Apollo-*

Buzz Aldrin steigt die Leiter des Mondlandegeräts hinunter auf die Mondoberfläche. Das Bild wurde von Neil Armstrong aufgenommen.

Rechts die amerikanische Mondrakete Saturn V und im Vergleich links die sowjetische Mondrakete N1

Mondflüge gedacht waren, holten die Amerikaner technisch, aber auch im Sinne von »We are first« auf: Sie konnten die ersten Rendezvous-Manöver zwischen zwei Raumfahrzeugen sowie mit *Apollo 8* im Dezember 1968 den ersten bemannten Flug um den Mond ohne dortige Landung für sich verbuchen. Erst mit der *Apollo 11*-Mission betrat Neil Armstrong am 21. Juli 1969 um 2:56 Uhr UTC (= 20. Juli abends US-Zeit) als erster Mensch den Mond. Der Wettlauf war gewonnen. Warum war die Sowjetunion gescheitert? Sie hatte es nicht geschafft, ihre mit der amerikanischen *Saturn*-Rakete vergleichbare Mondrakete *N1* zum Fliegen zu bringen – bei sämtlichen Versuchen explodierte die Rakete kurz nach dem Start.

Die *Apollo*-Missionen   Aber auch die erste Mondlandemission war nicht risikolos. Kurz vor der Landung auf dem Mond ertönten im Landemodul Alarmsignale und der Bordrechner gab die Fehlercodes 1201 und 1202 aus. Die NASA war ratlos, keiner dort wusste, was das zu bedeuten hatte – außer Don Eyles, ein Student des MIT in Boston, denn er hatte die Bordrechner programmiert. Fehler 1201 und 1202 signalisierten, dass der Computer der Mondlandefähre aus irgendwelchen Gründen überlastet war und nicht alle anliegenden Aufgaben gleichzeitig ausführen konnte. Er wusste aber auch, dass das für die Landung nicht kritisch war. Die NASA vertraute ihm und die weitere Landung verlief bekanntlich erfolgreich.

Die zweite nicht minder kritische Situation ereignete sich bei den Vorbereitungen zur Rückkehr zur Erde. Im Rückblick erzählte Buzz Aldrin in seinem Buch »Magnificent Desolation« (»Prachtvolle Trostlosigkeit«, gemeint ist die überwältigende Ansicht der Mondödnis) folgende Geschichte: Nach seinem Ausflug mit Neil Armstrong auf die Mondoberfläche entschieden sich die beiden, etwas auszuruhen. Dabei lehnte sich Armstrong an die Abdeckung der Antriebe, während Aldrin sich auf dem Boden der Mondlandefähre ausstreckte. Da bemerkte Aldrin auf dem Boden ein kleines schwarzes Plastikteil – den abgebrochenen Knopf eines Sicherungsschalters. Es handelte sich aber nicht um irgendeinen Schalter, sondern erschreckenderweise um den wichtigsten Sicherungsschalter auf dem Bedienfeld: den Aktivierungsschalter ENG ARM (*engine arm*), mit dem die Antriebe elektrisch aktiviert werden mussten,

Lösung in letzter Sekunde

Bei einem Besuch im Sternenstädtchen erzählte mir Alexei Leonow folgende Geschichte von seiner Mission: Wegen des Vakuums im Weltraum blähte sich sein Raumanzug beim Außenbordeinsatz auf und wurde dadurch immer steifer. Nachdem er sich, nahezu bewegungsunfähig, mühevoll zur Einstiegsluke zurückgekämpft hatte, merkte er, dass er mit dem Anzug nicht mehr durch die Luke passte. In panischer Angst blieb ihm nur noch, die Luft aus dem Anzug zu lassen, bis er wieder durch die Luke passte – jedoch nicht zu viel, um wegen des abnehmenden Sauerstoffdrucks nicht das Bewusstsein zu verlieren. Er schaffte es nur gerade so, sonst wäre dies das Ende gewesen.

Alexei Leonow bei seinem historischen ersten Weltraumspaziergang am 18. April 1965.

Das Bedienfeld in der Mondlandefähre mit dem (rot eingekreisten) Druckschalter ENG ARM (Antriebsaktivierung)

um von der Mondoberfläche aufzusteigen und zur Erde zurückzukehren. Vermutlich war der Knopf in der Enge der Fähre beim An- oder Ausziehen der Raumanzüge durch die sperrigen Rucksäcke abgebrochen worden. Sie berichteten Houston das Problem. In der Hoffnung, dass man dort eine Lösung finden würde, legten sie sich schlafen.

Doch es war so kalt, dass sie nur drei Stunden schlafen konnten. Schließlich kam der Weckruf aus Houston zusammen mit der deprimierenden Nachricht, dass keine Lösung des Schalterproblems gefunden wurde. Um zu überleben, musste Aldrin nun selbst herausfinden, wie er den Antrieb ohne den Schalter aktivieren konnte – und zwar sofort, denn eine Rettungsmannschaft von der Erde würde den Mond erst nach Monaten erreichen und könnte nur noch die sterblichen Überreste einsammeln. Aldrin untersuchte den Druckschalter im Bedienfeld und fand heraus, dass er das Problem möglicherweise lösen könnte, indem er einen ähnlich großen Gegenstand in das Loch steckte und den Schalter durch Herunterdrücken aktivierte. Er erwog, seinen kleinen Finger zu benutzen, aber ihm war klar, dass er sich damit der Gefahr eines Stromschlags aussetzte. Es gab zwar kleine Werkzeuge an Bord, aber die waren aus Metall und konnten durch einen Kurzschluss das gesamte Schaltpult stilllegen. Nach einiger Überlegung fand er das perfekte Werkzeug: Er und Armstrong benutzten für Notizen in Missionsdokumenten Filzstifte mit einer Plastikspitze mit genau dem richtigen Durchmesser. Also nahm er seinen Filzstift aus dem Schlaufenhalter an seiner linken Schulter und rammte ihn in das Loch, das der abgebrochene Knopf hinterlassen hatte. Tatsächlich gelang es ihm so, den Antrieb zu aktivieren, wodurch er

Eine Rettungsmannschaft von der Erde würde den Mond erst nach Monaten erreichen und könnte nur noch die sterblichen Überreste einsammeln.

sich selbst und seine Kameraden – und tatsächlich auch die Zukunft des *Apollo*-Programms – rettete. Bekanntlich fanden nach *Apollo 11* noch sechs weitere Mondlandemissionen statt. *Apollo 12* flog ebenfalls noch im Jahre 1969. *Apollo 13* war eine Beinahekatastrophe, denn einer der beiden lebensnotwendigen Sauerstofftanks im Servicemodul explodierte auf dem Weg zum Mond, was vom Kommandanten Jim Lovell lapidar mit dem wohl berühmtesten Satz in der Raumfahrtgeschichte kommentiert wurde: »Houston, we've had a problem.« Dies führte zum Abbruch der Mission, und es gelang der NASA und den Astronauten nur mit einer außerordentlichen Anstrengung und der Vorgabe »Failure is not an option«, die Besatzung wohlbehalten wieder zur Erde zurückzubringen. Die dramatischen Szenen dieser Mission wurden in dem sehr realistischen Kinofilm »Apollo 13«, der sich exakt an die damaligen Umstände hält, wiedergegeben. Er ist ein Muss für jeden Weltraumfan.

Die vier weiteren Mondlandemissionen *Apollo 14* bis *17* in den Jahren 1971 bis 1972 verliefen wie am Fließband ohne große Komplikationen. Dies war wahrscheinlich der Grund,

★ Flugverbot

Um sie als Helden der Nation nicht zu verlieren, durften weder Juri Gagarin noch John Glenn nach ihrer Zeit im All wieder fliegen. Dasselbe Schicksal teilte Valentina Tereshkova. Lediglich Glenn erlebte im Alter von 77 Jahren doch noch einen zweiten Space-Shuttle-Flug.

warum die Öffentlichkeit ihr Interesse daran verlor. Statt Liveübertragungen vom Mond schaute sie schließlich lieber Comedy-Sendungen. Die NASA, die noch drei weitere Mondmissionen in Planung hatte, brach daraufhin ihr *Apollo*-Programm ab.

Die Space-Shuttle-Ära   Im Jahre 1972 lastete auf der NASA ein großer Druck, etwas Neues zu machen. Die Sowjetunion hatte 1971 begonnen, *Saljut*-Raumstationen zu bauen. Die NASA zog nach und setzte die *Saturn*-Raketen, die für die drei letzten *Apollo*-Missionen gedacht waren, für den Aufbau und die Nutzung der ersten amerikanischen Raumstation *Skylab* im Erdorbit ein. Die umgebaute Oberstufe der *Saturn V*-Rakete war allerdings nicht wirklich für eine Forschung in der Erdumlaufbahn geeignet. Daher entschied sich die NASA bereits im März 1972 für einen Raumtransporter, der sämtliche US-Transportflüge ins All bemannt durchführen sollte – einschließlich aller militärischen Raumflüge. Von Beginn an gehörte zu seinen wesentlichen Aufgaben aber auch der Aufbau und die Versorgung einer langfristig

Teurer Schreiber

Der durch die Rettungstat leicht eingebeulte Filzstift wurde zusammen mit dem abgebrochenen Plastikknopf von Buzz Aldrin am 26. Juli 2022 bei Sotheby's in New York für 1–2 Millionen US-Dollar zum Verkauf angeboten. Es fand sich jedoch kein Käufer.

Der durch die Aktivierung leicht demolierte Filzstift von Buzz Aldrin zusammen mit dem abgebrochenen Plastikknopf.

geplanten Raumstation. Die anvisierten wöchentlichen Flüge dorthin und zurück gaben ihm den Namen »Shuttle«, was im Englischen auch »Pendler« bedeutet. Er sollte modern, komfortabel und vor allem kostengünstig sein – durch Wiederverwertung sollten für die anfangs anvisierten 80 Flüge pro Jahr nur elf Millionen US-Dollar pro Flug anfallen. Tatsächlich lagen die Kosten (ohne Entwicklungskosten) später aber bei etwa 800 Millionen US-Dollar pro Flug.

Das Shuttle flog am 12. April 1981 erstmals ins All (man beachte das sorgsam gewählte symbolische Datum: auf den Tag genau 20 Jahre nach Gagarins Flug). Im Januar 1984 kündigte der damalige US-Präsident Reagan die erste große Raumstation *Freedom* an, ein Gemeinschaftsprojekt mit Japan, Europa und Kanada. Die Entwicklungsarbeiten mit vielen Designänderungen zogen sich bis Anfang der 1990er-Jahre hin. Nach dem Zerfall der Sowjetunion 1991 bot man Russland an, bei der gemeinsamen Raumstation mitzumachen. Das damit einhergehende neue Design baute auf der russischen Mir-Station auf und wurde folglich auch Internationale Raumstation (*International Space Station*, ISS) genannt. Ihr Aufbau

*Die erste US-Raum-
station* Skylab

begann im November 1998 mit dem russischen *Sarja*-Modul. Nach 37
Shuttle-Flügen war die ISS aufgebaut und der Raumtransporter damit
eigentlich obsolet. Den Todesstoß gab die fatale Shuttle-Mission *STS-
107*. Das Shuttle *Columbia* (mit dem auch ich zehn Jahre vorher geflogen
war) verglühte am 1. Februar 2003 bei der Rückkehr zur Erde. Die Ursache war ein Flügelschaden, der 16 Tage vorher beim Start der Mission
entstanden war. Ein Jahr später verkündete Präsident Bush das Ende der
Shuttle-Ära zum Jahr 2011 und stattdessen den Neuaufbruch der NASA
zu Mond und Mars und gleichzeitig eine Kommerzialisierung des erdnahen Weltraums. Die letzte Shuttle-Mission endete am 21. Juli 2011 mit
einer Landung im Kennedy Space Center.

NewSpace Diese Rede von Präsident George W. Bush mit dem Titel
»Vision for Space Exploration« am 14. Januar 2004 war der Startschuss
zu einer neuen Raumfahrtära, die wir heute NewSpace nennen. Darin
teilte er – übrigens genau wie Aristoteles 2500 Jahre zuvor – den Weltraum in zwei Bereiche ein: den erdnahen Raum bis zum Mond, den
sogenannten cislunaren Raum, und den Raum mit dem Mond und jenseits davon, den sogenannten translunaren Raum.

Das Space-Shuttle angedockt
an der Internationalen Raumstation

Der cislunare Raum sollte langfristig kommerziellen Raumfahrtunternehmen überlassen werden; mehr noch, die NASA sollte im Rahmen eines neuen *Commercial Orbital Transportation Services Program* (COTS) den Aufbau solcher Unternehmen mit Investitionsspritzen fördern. Dies war der Ursprung vieler neuer Raumfahrtunternehmen, unter anderem gab ein Vertrag mit Elon Musks Unternehmen SpaceX im Dezember 2008 diesem den notwendigen Schub zum heute größten kommerziellen Anbieter in der Raumfahrt. In dieser Zeit des kommerziellen Aufbruchs gründeten auch andere US-Milliardäre Raumfahrtfirmen, so etwa Jeff Bezos (Blue Origin) oder Richard Branson (Virgin Galactic). Sie sind bis heute die Treiber kommerzieller Touristenflüge ins All, um die herum eine ganze Raumfahrtindustrie entstanden ist.

Im Jahre 2025 oder 2026 sollen gemäß NASA-Plänen zum ersten Mal seit 56 Jahren wieder Menschen den Mond betreten. Sind Sie bereit dafür?

Die ISS soll bis 2028 in kommerzielle Hände übergeben werden, um sie zum Beispiel langfristig in Weltraumhotels zu überführen. Dazu hat die NASA im Dezember 2021 Verträge mit vielen US-Raumfahrtfirmen abgeschlossen.

Der translunare Raum sollte die Domäne der NASA und das freigesetzte Geld der eingemotteten Shuttles zur Finanzierung neuer Raumfahrzeuge eingesetzt werden: eine neue Rakete namens *Space Launch System* (SLS, ähnlich wie die *Saturn V*) und ein neues Raumfahrzeug namens *Orion* für bis zu vier Personen Besatzung für Flüge zu Mond und Mars. Das neue Mondflugprogramm wurde *Artemis* genannt. Der erfolgreiche unbemannte Erstflug zum Mond hieß *Artemis I* und fand von 16. November bis 11. Dezember 2022 statt. Die NASA-Pläne sehen vor, Ende 2024 erstmals bemannt zum Mond zu fliegen, ohne jedoch darauf zu landen. Etwa ein Jahr später, im Jahre 2025 oder 2026, sollen zum ersten Mal seit 56 Jahren wieder Menschen den Mond betreten, dann aber nahezu jährlich dort landen. Um das zu ermöglichen, soll eine Raumstation namens *Lunar Gateway* gebaut werden, die den Mond umkreist und die als Ausgangspunkt für Exkursionen zur Mondoberfläche dienen soll.

Nach etwa zehn Jahren solcher Mondmissionen will die NASA dann (zusammen mit Elon Musk) den ersten bemannten Flug zum Mars wagen.

Elon Musk

Elon Musk, Gründer des PayPal-Vorgängers X.com und des Raumfahrtunternehmens SpaceX sowie CEO des Automobilherstellers Tesla, ist ein wichtiger Partner der NASA bei deren Flügen zum Mond. Ohne sein neu entwickeltes Mondlandegerät kämen Astronauten nicht auf die Mondoberfläche.

Weltraummythen

Weltraumflüge –
nur etwas für Leistungssportler
ohne Brillen und Plomben?

Es gibt wohl kaum eine Frage, die mir häufiger gestellt wird, als die: Kann ich denn mit Brille und Plomben in den Zähnen ins All fliegen? Die Antwort ist einfach, sie lautet: Ja!

Doch woher kommt diese weit verbreitete Vorstellung, Astronauten hätten perfekte Zähne und Sehschärfe? Die Antwort zu diesem Mythos unserer Zeit liegt weit zurück. Anfang der 1960er-Jahre herrschte in der westlichen Welt Aufbruchstimmung. Moderne Technik spielte dabei eine große Rolle. Das zeigte sich am deutlichsten in der Elektrifizierung des Haushalts, die Ende der 1950er-Jahre in Europa begann. Die ersten Waschmaschinen, Staubsauger, Küchenmaschinen und Handmixer erleichterten die Hausarbeit. Mit Radios, Musiktruhen und etwas später sogar Fernsehgeräten konnte man sich zu Hause jederzeit unterhalten lassen. Im Fernsehen bestaunte man die sich rasch verändernde Welt; mit den ersten Fernsehsatelliten kam sogar die ganze Welt ins eigene Heim.

Raumfahrt war ein großes Thema, insbesondere natürlich die bemannte Raumfahrt. Raumfahrttechnik alleine war schon cool, aber Männer, die sich damit in den unbekannten Weltraum schießen ließen und die Flüge in der Schwerelosigkeit meisterten, mussten aus einem ganz besonderen Holz geschnitzt sein. Man nannte sie später »The right stuff«, wir würden sagen »richtige Kerle«. Diesen Ausdruck prägte das 1979 erschienene Buch »The Right Stuff« des amerikanischen Journalisten Tom Wolfe. Es beschreibt die

»The Right Stuff«

Die romanähnliche Reportage von Tom Wolfe erschien 1979, wurde insgesamt mehr als 2,5 Millionen Mal verkauft und prägte maßgeblich das Image der damaligen Astronauten. Neben der Verfilmung von 1983 befeuerte ab Oktober 2020 die Serie »The Right Stuff« den Mythos.

Filmplakat des Kinofilms »The Right Stuff«

Sie haben eine Brille? Kein Problem! NASA und ESA lassen Kandidaten mit Brillen bis zwei Dioptrien zu, die bequem unter Raumfahrthelme passen.

harte Auswahl und Ausbildung von Militärtestpiloten zu Astronauten, die keine Plomben in den Zähnen haben durften und wegen der Helme keine Brillen tragen konnten. Dazu hatten sie natürlich den unausgesprochenen Kodex von Tapferkeit und Machogehabe, der sie nicht nur Militärjets, sondern auch Raketen besteigen ließ, deren unbemannte Testversionen man beim Start nicht selten explodieren sah. Wegen dieses Erfolgs kam im Jahre 1983 ein gleichnamiger, mehr als dreistündiger Film in die Kinos.

Tatsächlich entsprach – mit Übertreibungen – das Buch den damaligen Verhältnissen, Wolfe hatte die Testpiloten bei seinen Recherchen ausführlich befragt. Aber die Dinge liegen heute anders. NASA und ESA lassen Kandidaten mit Brillen bis zwei Dioptrien zu, die bequem unter Raumfahrthelme passen, selbst bei denen für Außenbordeinsätze. Auch Plomben in den Zähnen sind kein Problem. Nahezu jeder meiner Backenzähne hatte bereits vor meiner Mission ein Inlay. Leider können sich unter Inlays Karies bilden, die in der Mission zu Zahnschmerzen führen können. Bei Langzeitreisen müssen daher Weltraumreisende kurz vor ihrer Mission zum Zahnarzt. Der macht von Zähnen mit Inlays Röntgenaufnahmen, auf denen man jeden Ansatz von Karies genau erkennen kann. Eine andere, ungewöhnliche Methode ist die Unterdruckkammer. Da man im Vakuum des Weltraums immer mit Druckabfall rechnen muss, werden Astronauten in Unterdruckkammern für solche Situationen vorbereitet. Sollte sich unter einem Inlay wegen Karies eine kleine Gasblase gebildet haben, dann dehnt sich die beim Unterdruck aus, drückt auf den Zahnnerv und der Schmerz macht klar, da stimmt was nicht – ab zum Zahnarzt.

Schließlich die Frage: Muss man für einen Weltraumflug nicht Leistungssport betreiben? Es ist tatsächlich genau umgekehrt: Personen, die Leistungssport machen, sind für Raumflüge ungeeignet! Sie haben gut entwickelte Muskeln und somit auch starke Knochen. Aber im Weltraum braucht der Körper all das nicht, schließlich trägt er sich in der Schwerelosigkeit von ganz allein. Er baut daher bereits ab den ersten Tagen im Weltraum Muskeln und Knochen ab, nach dem Motto: »Brauche ich nicht, weg damit.« Was bei solchen Leistungssportlern aber noch schlimmer ist: Sie haben einen großen Herzmuskel, der immer gut belastet sein will. In der Schwerelosigkeit, wo das Blut mit nur wenig Pumpleistung zirkuliert, ist ein Sportlerherz unterbeansprucht, was zu Herzrhythmusstörungen führt. Sehr schlecht! Dazu haben bei Laufsporttreibenden die starken Beinmuskeln das Zurückdrücken des Blutes aus den Beinen in den Oberkörper übernommen, die normalerweise dafür zuständigen Venenklappen haben sich daher zurückgebildet. Bei schnellen Körperpositionswechseln führt das zur orthostatischen Hypotonie. Ein typisches Anzeichen dafür sind Schwindelgefühle beim morgendlichen Aufstehen aus dem Bett. Dabei versackt das Blut in den Beinen, was zu einer Unterversorgung von Sauerstoff im Gehirn führt. Genau so ein Belastungswechsel tritt auch ein, wenn man aus der Schwerelosigkeit kommend wieder der Erdschwere ausgesetzt wird. Daher ist ein gesunder, aber nicht übertrainierter Körper das Beste, was Sie für eine Weltraumreise mitbringen können.

Astronauten ernähren sich nur aus Tuben?

Was fällt Ihnen beim Stichwort Astronautenessen spontan ein? Natürlich: Essen aus der Tube. Wo kommt dieser Mythos her, denn ich habe auf meiner Shuttle-Mission kein einziges Mal etwas aus einer Tube gegessen?! Antwort: aus der *Mercury-* und *Gemini*-Zeit der 1960er-Jahre. Damals nahmen US- und sowjetische Astronauten ihr Essen tatsächlich aus Tuben. Der Erste, der diese Erfahrung machte, war John Glenn auf seinem *Mercury*-Flug im Jahre 1962. Wenn man wie damals nur bis zu vier Tage im Weltraum war, war das sicherlich auch angemessen. Auf den *Apollo*-Missionen gab es zum ersten Mal gefriergetrocknete und damit lange haltbare Speisen, denen heißes Wasser zugeführt werden musste.

Erst später gab es auf den Space-Shuttle-Missionen neben den gefriergetrockneten auch thermostabilisierte Speisen, die zur Haltbarmachung

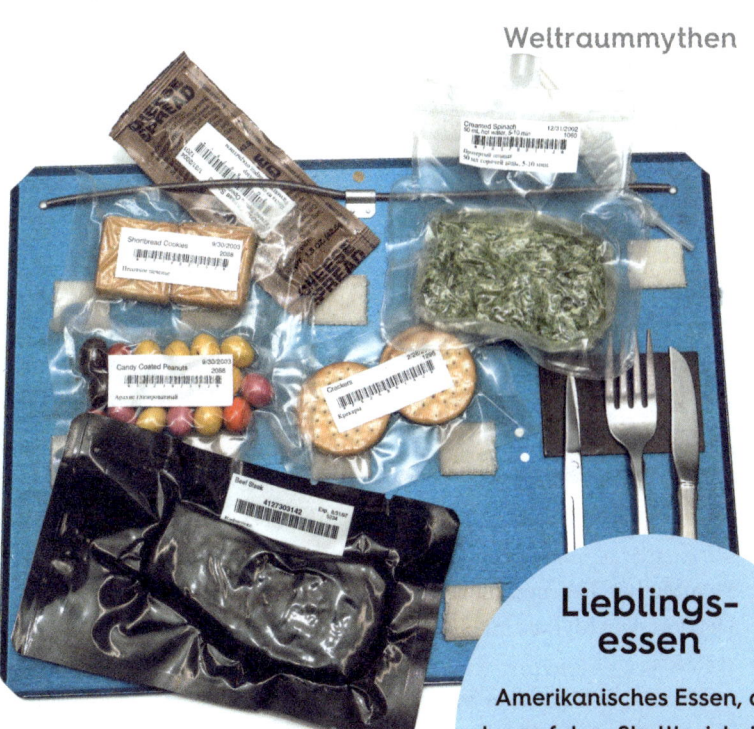

Lieblings-essen ★

Amerikanisches Essen, auch das auf dem Shuttle, ist nicht jedermanns Sache. Aber Shrimps mit scharfer Soße waren bei uns allen an Bord äußerst beliebt.

kurzzeitig ultrahocherhitzt wurden. So konnte man beispielsweise auch Steaks essen, die lange vorher zubereitet worden waren. Gegessen wurde mit Messer und Gabel direkt aus den Beuteln. Sie wurden vorher mit der Schere kreuzweise aufgeschnitten, damit das Essen in der Schwerelosigkeit durch die dabei entstehenden dreieckigen Laschen zurückgehalten wurde.

Wie heutzutage auf einer Raumstation gegessen wird, lesen Sie in Kapitel 5.

Fahren Astronauten jeden Tag Zentrifuge?

Es gibt vier große Weltraummythen: »Die Teflonpfanne kommt aus der Raumfahrt«, »Astronauten ernähren sich nur aus Tuben«, »Astronauten fahren jeden Tag Zentrifuge« und »Die Chinesische Mauer ist das einzige Bauwerk, das man vom All aus sehen kann«.

Das mit der Teflonpfanne ist schnell geklärt. Bereits im Jahre 1938 wurde Teflon von dem Wissenschaftler Roy Plunkett der Firma DuPont entdeckt. Im Jahre 1954 ließ sich ein Franzose namens Marc Gregoire die Teflonbeschichtung auf der Pfanne patentieren und verkaufte unter dem Namen *Tefal* weltweit über eine Million Pfannen. Die Teflonpfanne gab es also bereits vor der Raumfahrt, die bekanntlich im Jahre 1957 mit *Sputnik* begann.

Den Mythos Tubenessen haben wir bereits im obigen Abschnitt widerlegt und dem Mythos mit der Chinesischen Mauer gehen wir etwas später nach.

Wie ist das nun mit dem Zentrifugefahren? Gegenfrage: Warum sollten Astronauten jeden Tag Zentrifuge fahren, wo man doch im Weltraum überall schwerelos ist? Dieser Mythos beruht auf den im Fernsehen immer wieder gerne gezeigten Filmen, in denen man Gesichter von Astronauten und Jetpiloten sieht, die durch Zentrifugalkräfte bis zur ertragbaren Grenze verzerrt werden. Solche Kräfte werden oft auch als g-Kräfte bezeichnet, wobei g für die Erdbeschleunigungskraft steht. Sie treten regelmäßig beim Militärjetfliegen auf, wenn im Luftkampf enge Kurven geflogen werden müssen, wobei Kräfte bis zu 4 g (also 4-fache Erdbeschleunigung) auftreten.

Bei Astronauten liegt die Sache anders. Nur beim Aufstieg mit einer Rakete ins All und beim gesteuerten Wiedereintritt mit einer Raumkapsel erfahren sie kurzzeitig 3–4 g. Wenn die Steuerung beim Wiedereintritt versagt – was bereits vorkam, das letzte Mal bei der Rückkehr der *Sojus TMA-11* am 19. April 2008 (siehe Gut zu wissen) – dann können es auch bis zu 8 g sein. Bei solchen kurzzeitigen Belastungen darf der Kreislauf keinesfalls zusammenbrechen. Daher wird bei der Astronautenauswahl ein Zentrifugentest »geflogen«, bei dem man dieselben g-Kräfte, also bis zu 8 g, erzeugt. Hält der Kreislauf des Kandidaten das aus, ist er geeignet und bräuchte danach eigentlich nie wieder in eine

Auch Sie als Touri müssen einen Zentrifugentest fliegen, um sicherzustellen, dass Ihr Kreislauf die kurzzeitige Belastung durch hohe g-Kräfte aushält.

Zentrifuge zu steigen. Tatsächlich fliegen Astronauten kurz vor ihrer Mission nochmals Zentrifuge, als »Final Check« und um zu sehen, ob der Sitz, der die g-Kräfte aufnehmen muss, an den Körper gut angepasst ist und es nicht irgendwo Punktbelastungen gibt.

Auch für Weltraumtouris ist ein stabiler Kreislauf das Wichtigste, was man für einen Raumflug braucht. Daher müssen auch sie Zentrifuge fahren, jedoch nimmt man sie nicht so hart ran. Sie werden üblicherweise nur bis zu 4 g belastet, aber die sollte man durchstehen. Hier noch ein bekannter Trick unter Astronauten, um bei großer Belastung helle zu bleiben: Die Bauchmuskeln wiederholt durch Pressatmung fest anspannen bis man einen roten Kopf bekommt. Das drückt das versackte Blut wieder zurück in den Kopf. Und aus Erfahrung kann ich sagen, es

Die Zentrifuge im Zentrum für Luft- und Raumfahrtmedizin der Luftwaffe in Königsbrück bei Dresden

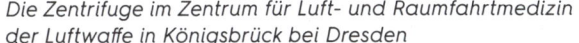

Neben dem Start gehört die Rückkehr mit einer Kapsel aus dem Weltraum zu den gefährlichsten Momenten eines Raumfluges. Wenn alles wie geplant verläuft, erfährt man kurzzeitig »nur« 3–4 g. Wenn jedoch die Steuerung versagt, wird die Kapsel in einen sogenannten ballistischen Mode versetzt. Dabei lässt man die Kapsel unkontrolliert drehen, wodurch sie wie eine ballistische Kugel im freien Fall herunterrauscht. Dabei entstehen über etwa 60 Sekunden Kräfte von bis zu 8 g, was normalerweise einen sogenannten Blackout (Sehverlust durch zu geringe Sauerstoffversorgung der Netzhaut) hervorruft und kurzfristig zur Bewusstlosigkeit führen kann.

Dies passierte das letzte Mal bei der Rückkehr der Sojus TMA-11 am 19. April 2008. In einem Gespräch mit der US-Astronautin Peggy Whitson, die an Bord der TMA-11 gewesen war, erzählte sie mir, dass sie dieses einschneidende und vor allem unerwartete Erlebnis auf keinen Fall noch einmal durchmachen möchte. Unter russischen Astronauten heißt es allerdings: Jede Landung, nach der man noch gehen kann, ist eine gute Landung. So war es trotz allem auch hier.

Die Crew der Sojus TMA-11, Peggy Whitson rechts

bleibt ein für immer beeindruckendes Erlebnis, wenn das Farbsehen schlagartig wieder einsetzt und ein möglicher Tunnelblick kurz vor der Bewusstlosigkeit (Sauerstoffunterversorgung der Netzhaut) verschwindet. Probieren Sie es aus!

Mythos Schwerelosigkeit – im Weltraum gibt es keine Gravitation mehr

Warum ist man im Weltraum ohne Antrieb schwerelos, und zwar immer und überall? Eine oft vertretene Meinung ist: weil es dort draußen keine Schwerkraft (Gravitation) der Erde mehr gäbe. Wenn dem tatsächlich so wäre, müsste sie irgendwo mehr oder weniger abrupt aufhören. Nehmen wir an, so ein Übergang wäre in etwa 100 Kilometern Höhe. Wäre man dann in 99 Kilometern Höhe so schwer wie auf der Erde und in 100 Kilometern plötzlich schwerelos? So einen schlagartigen Übergang gibt es praktisch nicht. Tatsächlich nimmt die Schwerkraft mit der Höhe nur ganz langsam ab. Auf der Internationalen Raumstation im erdnahen Orbit beträgt sie noch 89 Prozent, auf dem Mond nur noch 0,028 Prozent der Gravitation auf der Erde. Wenngleich sehr gering, wird also auch der Mond noch von der Erde angezogen und umkreist sie. Erst in unendlicher Entfernung wird die Erdanziehungskraft absolut null.

Warum fällt dann ein erdumkreisendes Raumfahrzeug nicht vom Himmel? Weil jede Kreisbewegung eine Zentrifugalkraft erzeugt, die immer genauso groß, aber entgegengesetzt zur anziehenden Kraft (hier Schwerkraft) ist. Wenn man einen Stein an einem Seil im Kreis schleudert, dann merkt man diese Zentrifugalkraft deutlich, und die eigene Zugkraft gleicht diese Zentrifugalkraft aus. Dieser Fall ist noch relativ einsichtig. Aber wie ist das, wenn ein Raumfahrzeug geradewegs von der Erde zum Mond fliegt? Keine Kreisbewegung, also auch keine Zentrifugalkraft! Auch hier hilft ein Vergleich mit einer alltäglichen Situation: Wenn man in einem Auto fährt und abbremst, dann wird man durch die Trägheitskraft des eigenen Körpers nach vorn geworfen. Fährt man eine Kurve, dann erfährt man eine Kraft zur Seite – die Zentrifugalkraft. Tatsächlich ist die Zentrifugalkraft nur eine besondere Form der Trägheitskraft. Beim Flug zum Mond zieht einen die größere Schwerkraft der

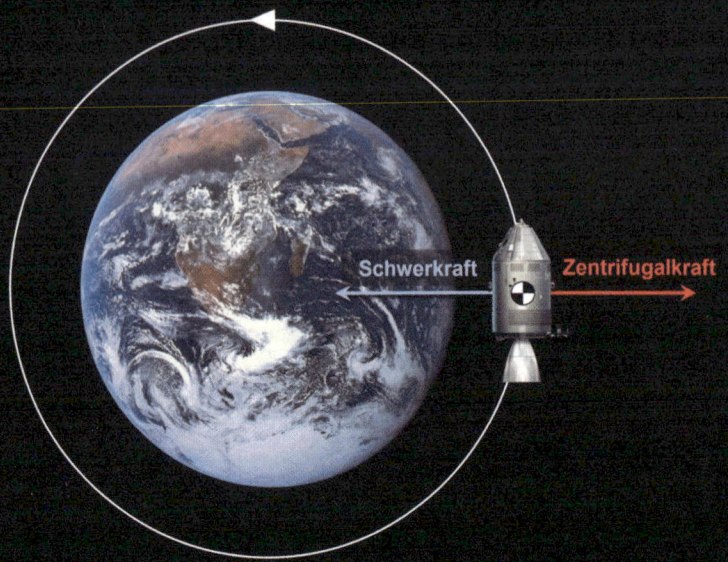

Schwerkraft **Zentrifugalkraft**

Mond

Erde

Schwerkraft Mond

Schwerkraft Erde

Trägheitskraft Kapsel

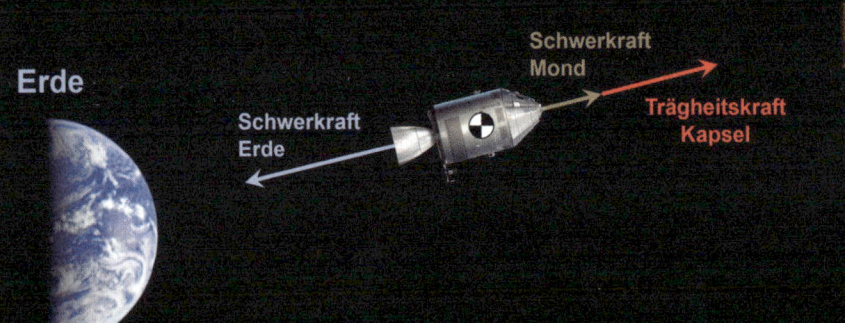

Schwerkräfte und Trägheitskraft (inkludiert Zentrifugalkraft) gleichen sich jederzeit, etwa im Erdorbit (oben) oder beim geradlinigen Flug zum Mond (unten), aus und führen so zur Schwerelosigkeit. Der schwarz-weiße Kreis kennzeichnet den Schwerpunkt des Raumfahrzeugs, an dem alle Kräfte gemeinsam angreifen

Erde zurück und die kleinere des Mondes nach vorn. Insgesamt wird man also abgebremst, die Fluggeschwindigkeit nimmt ab. Das führt zu einer Abbremskraft nach vorn (Trägheitskraft), die die beiden Schwerkräfte exakt ausgleicht. Da die Trägheitskraft so beschaffen ist, dass sie zu jeder Zeit alle Schwerkräfte ausgleicht, führt das stets zur Schwerelosigkeit eines frei fliegenden Körpers im All.

20 Sekunden bis zum Blackout

Was passiert eigentlich, wenn der menschliche Körper ungeschützt – also ohne Raumanzug – dem Vakuum des Weltraums ausgesetzt ist? Das ist eine Frage, die viele Menschen umtreibt.

Die Antwort hängt davon ab, auf welche Weise der Übergang in diesen ungeschützten Zustand genau erfolgt. Folgender Fall: Ein Astronaut begibt sich auf einen Raumspaziergang und wird von einem nur wenige Millimeter großen Mikrometeoroiden getroffen – das ist kein Hirngespinst, die NASA zieht ein solches Szenario durchaus in Erwägung. Aufgrund seiner extrem hohen Geschwindigkeit von etwa 30 000 Kilometern pro Stunde schlägt so ein Meteoroid den Anzug und den Körper glatt durch und hinterlässt ein ebenso großes Loch. Mit etwas Glück sind »nur« die Extremitäten getroffen. Ein vergleichsweise kleines Problem, nur ein bisschen Blut und vielleicht ein Knochendurchschuss – wird schon wieder. Entscheidender ist die Größe des Lecks im Anzug. Ist es so klein, dass das Lebenserhaltungssystem den Druckverlust ausgleichen kann, hat man etwa 30 Minuten Zeit, um wieder zurück in die ISS zu kommen.

Meteoroiden

Es gibt Meteoroiden, Meteore und Meteoriten. Meteoroiden sind wie Asteroiden, nur kleiner, etwa unter einem Meter. Sie werden zu Meteoren, wenn sie in der Atmosphäre glühen, und heißen Meteoriten, wenn man Teile von ihnen auf der Erde findet.

Der absolute Worst Case   Aber was, wenn der schlimmste denkbare Fall eintritt und beispielsweise ein ganzer Arm von einem größeren Meteoroiden abgerissen wird? Zunächst einmal fällt aufgrund des kom-

Nach etwa sechs Sekunden beginnen die Körperflüssigkeiten, also im Wesentlichen das Blut, zu kochen.

plett geöffneten Anzugs das Lebenserhaltungssystem aus: Innerhalb von ein bis zwei Sekunden sackt der Druck auf nahezu null ab. Das ist für den menschlichen Körper eine Katastrophe. Immerhin, man ist noch bei vollem Bewusstsein und weiß, dass man etwa 60 Sekunden Zeit hat, bevor man stirbt. Schauen wir uns diese Minute doch genauer an: Erst mal führt der Druckverlust zur schlagartigen Ausdehnung aller Luftkammern des Körpers. Von diesen besitzt der Körper drei Stück: zwei Mittelohren und die Lunge. Wer schon einmal aus großen Wassertiefen schnell aufgetaucht ist, der weiß, dass man dabei den Mund öffnen muss und keinesfalls versuchen darf, die Luft anzuhalten – ansonsten kann die Lunge platzen! Genau dasselbe Vorgehen ist hier angesagt. Der Luftdruck im Mittelohr entlädt sich dann über die Eustachi-Röhre, der Lungendruck über die Luftröhre. Rein äußerlich war es das aber erst einmal. Da der Körper ansonsten aus Wasser und festen Stoffen besteht, können die sich nicht gefährlich ausdehnen.

Problematisch ist es, wenn die Eustachi-Röhren wegen einer Halsentzündung geschwollen sind: In diesem Fall hat die Luft aus dem Mittelohr keine Möglichkeit, zu entweichen, sodass bei schnellem Druckverlust die beiden Trommelfelle platzen. Das tut zwar sauweh, aber in dieser Grenzsituation hat man wahrlich schlimmere Sorgen: zum Beispiel die Körperflüssigkeiten, insbesondere das Blut. Diese beginnen nämlich nach etwa sechs Sekunden zu kochen, denn der Siedepunkt von Wasser hängt stark vom Umgebungsdruck ab. Bei einem Bar liegt er bekanntermaßen bei 100 °C, bei den 0,32 Bar wie auf dem Mount Everest schon nur noch bei 71 °C. Blut bei 37 °C Körpertemperatur kocht daher unterhalb von 0,060 Bar. Der Blutfluss wird dann von den entstehenden Bläschen in den Adern gestoppt, der Körper erleidet also einen instantanen Kreislaufkollaps. Zunächst erscheint dem Betroffenen das gar nicht so wild, man merkt davon lediglich ein Kribbeln im Körper. Es beginnt mit dem Platzen der ersten kleinen Äderchen, bald darauf plat-

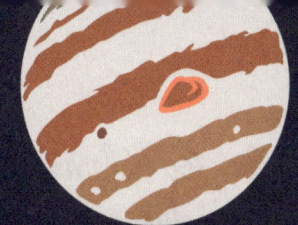

Schreiben in der Schwerelosigkeit

Dass US-Astronauten extrem teure Weltraumkugelschreiber benutzten, die selbst kopfüber schreiben können, während russische Kosmonauten einfach Bleistifte verwendeten, ist ein moderner Mythos, der in Deutschen sehr tief sitzt – nach dem Motto: Schaut Euch die cleveren Russen an! Wahr ist, dass die Firma Fisher in den 1960er-Jahren mit eigenen Geldern den Space Pen entwickelte und der NASA anbot. Diese hatte bis dahin auch Bleistifte im All benutzt. Sie kaufte 400 Kugelschreiber für damals 2,95 US-Dollar pro Stück (das entspricht heute etwa 25 US-Dollar) für Apollo-Missionen. Für alle Missionen danach und weil abgebrochene Spitzen die Elektronik kurzschließen können, wechselte die NASA auf Filzstifte. Mit so einem Filzstift rettete Buzz Aldrin später die Apollo 11-Mission (siehe S. 49).

Der legendäre Space Pen von Fisher mit spezieller druckbeaufschlagter Mine

Aus 350 Kilometern Höhe können Sie Details von etwa 30 Metern gerade noch erkennen.

zen dann auch nach und nach die größeren. Nach 15 Sekunden verwirren sich aufgrund der ausbleibenden Sauerstoffversorgung die Sinne, nach 20 Sekunden tritt der Blackout und kurz danach Bewusstlosigkeit ein. Das Tröstliche daran: Die Schmerzen, die nun durch die zunehmende Blasenentwicklung von Stickstoff in den Gelenken auftreten würden, merkt man dann schon nicht mehr.

Gibt es überhaupt noch eine Rettung? Nun, zumindest einen kleinen Hoffnungsschimmer: Steigt spätestens nach den besagten 60 Sekunden der Druck wieder auf normale Werte, rekollabieren die Blasen, der Körper nimmt wieder seine normalen Funktionen auf und es bleiben angeblich keine Langzeitschäden zurück. Anders sieht es aus, wenn die Sauerstoffversorgung länger als zwei bis drei Minuten unterbrochen ist. Aus Erfahrungen mit Herzinfarktopfern weiß man, dass ab dann zunehmend irreparable Hirnschädigungen eintreten.

Kann man die Chinesische Mauer aus dem All sehen?

Jedes Kind kennt dieses weit verbreitete Gerücht aus der Raumfahrt – aber stimmt es denn auch? Verfolgt man es zu seinen Ursprüngen zurück, dann stellt man fest, dass es bereits in der *Apollo*-Zeit aufkam. Damals lautete die Behauptung:»Die Chinesische Mauer ist das einzige Bauwerk (incl. Städte etc.), das man vom Mond aus sehen kann.« Leider kann ich diese Frage nicht aus eigener Erfahrung beantworten, doch ich habe mich bereits vor einigen Jahren an zwei Astronautenkollegen – Charles M. Duke (*Apollo 16*, 5. Mondlandung, April 1972) und den mittlerweile verstorbenen Eugene A. Cernan (*Apollo 17*, 6. Mondlandung, Dezember 1972) – mit der Bitte um Aufklärung gewandt. Im Folgenden die wortgetreue Übersetzung ihrer englischen Antworten (meine Ergänzungen in eckigen Klammern):

Charles M. Duke: »… Ich glaube nicht, dass irgendetwas von Menschen Geschaffenes vom Mond aus gesehen werden kann. Keiner sah die Große Mauer vom Mond aus. Man kann keine großen Städte oder irgendwelche menschlichen Objekte vom Mond aus sehen. Es ist schwierig genug, so gerade die Kontinente vom Mond aus zu sehen. … Es ist ein verbreitetes Missverständnis, dass wir die Große Mauer vom Mond aus sehen konnten. Wie diese Meinung entstand, ich weiß es nicht.«

Eugene A. Cernan: »Es gibt keine vom Menschen geschaffenen Objekte, die aus der Distanz des Mondes gesehen werden können, weder mit dem bloßen Auge noch mit dem Fernrohr, das wir auf *Apollo* mit uns hatten … Ja, man kann die Große Mauer in China aus 200–300 Meilen [300–500 Kilometer] im Weltraum erkennen. Darüber hinaus konnte ich das Dome Stadion in Houston auf *Gemini IX* [auf dieser Mission umkreiste er im Juni 1966 die Erde] mit dem bloßen Auge erkennen.

Selbst mit einem Teleobjektiv wie hier auf Apollo 8 *hat man keine Chance, vom Mond aus ein Bauwerk oder eine Stadt auf der Erde zu erkennen.*

Die Chinesische Mauer, aufgenommen vom Astronauten Leroy Chiao auf der International Space Station am 24. November 2004, zu finden unter eol.jsc.nasa.gov/SearchPhotos/photo.pl ?mission=ISS010&roll=E&frame=8497

Die Chinesische Mauer,
wie sie vom Weltall aus
zu sehen ist.

Aber keine dieser Dinge, große Städte eingeschlossen, Tag oder Nacht, können vom Mond aus gesehen werden ... Es sollte einem klar sein, dass die Erde, die [vom Mond aus] etwa viermal so groß wie der Mond erscheint, überzogen ist mit den Ozeanen und den Wolken, die sie als Ganzes überdecken. Vom Mond aus sehen wir die Erde so, wie Gott sie erschaffen hat, und keine von Menschen geschaffenen Objekte.« Interessanterweise hat sich das Gerücht seit den Mondlandemissionen aber geändert, denn mittlerweile lautet es: »Die Chinesische Mauer ist das einzige Bauwerk, das man vom *Weltall* aus sehen kann.« Es bezieht sich jetzt also auch auf die erdnahe Internationale Raumstation, dafür nur noch auf einzelne menschliche Bauwerke und nicht mehr auf ganze Städte – dass man von der ISS aus Städte sehen kann, wissen inzwischen nämlich viele.

Vom menschlichen Auge ist bekannt, dass es eine kleinste Winkelauflösung von etwa 15 Bogensekunden hat. An Bord eines Shuttles oder einer Raumstation in etwa 350 Kilometern Flughöhe bedeutet das eine Bodenauflösung von 25 Metern. Das deckt sich mit meinen Erfahrungen im Rahmen meiner Mission STS-55 im Jahre 1993, wo ich Details von etwa 30 Metern gerade noch erkennen konnte. Nimmt man eine Bodenauflösung von 25 Metern bei hohem Kontrast an, dann ließe sich die Chinesische Mauer mit dem bloßen Auge gerade so vom Shuttle und der Internationalen Raumstation in besagter Höhe ausmachen, aber nur, wenn die Sonne schräg auf das Bauwerk fiele und dabei einen breiten harten Schatten würfe. Das eigentliche Problem für das Erkennen der Chinesischen Mauer aus dem All ist aber, dass man ganz genau wissen muss, wo man diese hauchdünne Linie zu suchen hat. Selbst Experten wie der chinesische Taikonaut Yang Liwei oder der kanadische Astronaut Chris Hadfield, der fünf Monate auf der ISS verbrachte, sagen, sie hätten die historische Struktur nicht erkennen können. Jeder, der einmal versuchen möchte, die Chinesische Mauer mit eigenen Augen aus dem All zu sehen, sollte sich das nebenstehende Bild anschauen, das die Chinesische Mauer erstmals im Jahre 2004 von der ISS aufgenommen mit einer Bodenauflösung zeigt, die mit der des menschlichen Auges vergleichbar ist. Wer sie auf dem Bild nicht erkennen kann, dem wird auf der Website *www.nasa.gov/vision/space/workinginspace/great_wall.html* auf die Sprünge geholfen.

Schädigen Weltraumflüge die Atmosphäre?

Wenn man unter »schädigen« *jeden* Eintrag von klimaschädlichen Gasen wie CO_2 und Aerosolen versteht, dann muss die Antwort natürlich lauten: Ja, genauso wie der Staub und das CO_2 von Vulkanausbrüchen, das Methan von Kühen oder gar das ausgeatmete CO_2 der Menschen. Wenn man darunter Einträge versteht, die im nennenswerten Maße zur gesamten anthropogenen CO_2-Produktion beitragen, dann muss man ein bisschen rechnen.

Nehmen wir die *Falcon 9*-Rakete von SpaceX, die heutzutage mit Abstand am öftesten fliegt. Mit ihren 489 Tonnen kerosinartigen Treibstoffs RP-1 erzeugt sie pro Flug ins All etwa 400 Tonnen CO_2 und etwa 30 Tonnen Ruß. Davon geht ziemlich genau die Hälfte, also 200 Tonnen CO_2 und 15 Tonnen Ruß, in den klimarelevanten Teil der Atmosphäre unterhalb von etwa 20 Kilometern Höhe. Um aber auf der »sicheren« Seite zu bleiben, nehmen wir an, die gesamten 400 Tonnen CO_2 wären klimarelevant. Nehmen wir weiter an, dass in Zukunft pro Woche ein Weltraumtouristenflug mit der *Falcon 9* stattfinden würde – heutzutage sind es etwa vier pro Jahr. Dann würden 21 000 Tonnen zusätzliches CO_2 in die Atmosphäre eingetragen werden. Das entspricht $12/(12 + 2 \times 16) \times 21\,000$ Tonnen 5700 tC (Tonnen Kohlenstoff; die Einheit, mit der Klimatologen rechnen) pro Jahr. Zum Vergleich: Die Menschheit stößt pro Jahr insgesamt etwa $7{,}5 \times 10^9$ tC, also 7,5 GtC (Gigatonnen Kohlenstoff) aus fossilen Rohstoffen in die Atmosphäre aus. Der Anteil von Weltraumflügen läge damit bei nur 0,76 Millionstel vom Gesamtausstoß. Ein anderer Vergleich: Jeder Mensch atmet pro Tag 1,2 Kilogramm CO_2 aus. Die gesamte Menschheit von 8 Milliarden Individuen atmet also pro Jahr insgesamt $3{,}5 \times 10^{12}$ Kilogramm CO_2 aus, das entspricht ziemlich genau einer Gigatonne Kohlenstoff pro Jahr. Selbst im Vergleich dazu betrüge der Beitrag durch Weltraumtourismus nur 2,7 Millionstel.

Space Facts

Wo beginnt der Weltraum?

»Papa, wo beginnt eigentlich der Weltraum?« ist ein Klassiker unter den Kinderfragen und die meisten Erwachsenen haben bis auf »Irgendwo da oben« keine Lösung parat. Aus gutem Grund, denn die Antwort darauf ist nicht einfach. Wer aber ins All fliegen will, muss wissen, wo es beginnt, denn schließlich zahlt man dafür, dass man hinterher mit Fug und Recht behaupten kann, im Weltraum gewesen zu sein. Viele Anbieter flunkern mit ihren Angaben, zumindest sind ihre Aussagen nicht genau. Später stellt sich vielleicht heraus, dass man gar nicht im Weltraum gewesen ist, ohne dabei aber wirklich betrogen worden zu sein. Doch eins nach dem anderen.

Wo also ist die Grenze zum Weltraum? Intuitiv würde man sagen: Dort, wo die Atmosphäre aufhört. Aber wo hört sie auf, wo ist ihre obere Grenze? Das Problem bei der Atmosphäre ist, sie hat keine Obergrenze. Warum? Die Luft der Atmosphäre ist ein Gas, das sich durch sein Eigengewicht selbst komprimiert. Je mehr Luft in einer gegebenen Höhe darüber ist, umso mehr ist die Luft in dieser Höhe komprimiert und entsprechend hoch ist der Luftdruck. Letztendlich führt das dazu, dass der Luftdruck, also die Gasdichte, mit zunehmender Höhe abnimmt, und das exponentiell. Seit der Coronapandemie ist »exponen-

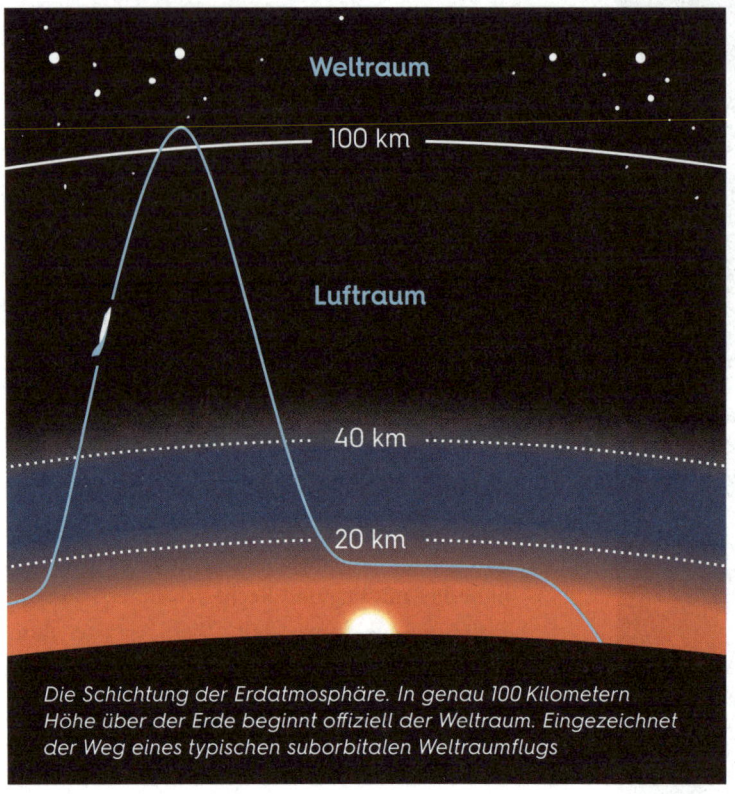

Die Schichtung der Erdatmosphäre. In genau 100 Kilometern Höhe über der Erde beginnt offiziell der Weltraum. Eingezeichnet der Weg eines typischen suborbitalen Weltraumflugs

tiell« in der öffentlichen Wahrnehmung quasi ein Synonym für »sehr schnell«. Das ist zwar nicht immer richtig, aber für die Atmosphäre trifft es zu. Der Luftdruck halbiert sich etwa alle fünf Kilometer nach oben. In Meereshöhe beträgt er im Mittel ein Bar, in fünf Kilometern Höhe, wo sich im Sommer die großen Schäfchenwolken bilden, ist er nur noch halb so groß, in zehn Kilometern Höhe, wo die meisten Verkehrsflugzeuge fliegen, liegt er nur noch bei einem Viertel Bar.

Im Oktober 2012 durchbrach Felix Baumgartner als erster Mensch im freien Fall die Schallmauer. Die Absprunghöhe betrug 38 Kilometer, wo der Luftdruck nur noch vier Promille des normalen Luftdrucks ist. Für einen menschlichen Körper ist das viel zu wenig, weshalb er einen Druckanzug tragen musste. Das sah zwar spacig aus, weshalb viele glaubten, er wäre aus dem Weltraum zur Erde gestürzt – »vom Rande des Weltraums«, wie es damals hieß –, aber vom Weltraum war er tatsächlich noch sehr weit entfernt. Warum, das werden wir gleich sehen. Die Atmosphäre verhält sich also wie ein Keks, den man mit anderen teilt. Zunächst halbiert man ihn mit einem Freund. Wenn der seine Hälfte wiederum mit seinen Freunden teilen will, muss immer weiter halbiert werden. Aber egal, wie oft man halbiert, es bleibt immer noch etwas übrig. So ist das auch mit der Atmosphäre. Sie wird nach oben zwar schnell dünner, aber es bleibt immer noch ein wenig Gas bestehen, und deshalb erstreckt sie sich theoretisch bis ins Unendliche – sie hat keine obere Grenze.

Eine Atmosphärenobergrenze zu setzen, wäre also eine beliebige Definitionssache, oder? Nicht ganz, denn man kann für Definitionen unterschiedlich sinnvolle Kriterien heranziehen. Eine durchaus sinnvolle nannte mir einmal Felicia aus der Rosengruppe des Kindergartens Dorfstraße in Ismaning. Diese Gruppe war im Juli 2021 bei mir zu Besuch an der TU München. Weil die Kinder sich damals mit dem Thema Weltraum beschäftigten, trugen sie sogar von ihren Eltern genähte Raumanzüge – die angehenden Astronautinnen und Astronauten von Morgen sozusagen. Als ich die Kinder fragte, wo denn eigentlich der Weltraum beginnt, antwortete Felicia spontan: »Über den Wolken.« Das war zwar eine falsche, aber gute Antwort, wofür ich sie gelobt habe. Denn offensichtlich war ihr Gedanke: Wolken bilden eine natürliche Obergrenze, und deswegen könnte da der Weltraum beginnen.

Flugtechnisch sind Wolken keine Grenze, denn sie können von Flugzeugen durchflogen werden, und daher ist ober- wie unterhalb von ihnen weltweit anerkannter Luftverkehrsraum. Erst »da, wo Flugzeuge nicht mehr fliegen können«, wäre ein gutes Kriterium für eine Luftraumobergrenze, über der der Weltraum beginnt. Anfang der 1950er-Jahre suchte der Luftfahrttechniker und Physiker Theodore von Kármán

Felix Baumgartner durchbrach als erster Mensch im freien Fall die Schallmauer. Die Absprunghöhe betrug 38 Kilometer, vom Weltraum war das aber noch weit entfernt.

eine Antwort auf die Frage: Wo können Flugzeuge nicht mehr fliegen? Genauer: Ab welcher Höhe wird bei horizontal fliegenden Flugzeugen die einwirkende Zentrifugalkraft größer als die aerodynamische Auftriebskraft? Denn wenn die Luftdichte abnimmt, nimmt auch die Auftriebskraft ab. Das Flugzeug muss dann viel schneller fliegen, um stabil in der Luft zu bleiben, wobei allerdings die Zentrifugalkraft, die das Flugzeug nach oben zieht, zunimmt und schließlich die aerodynamischen Kräfte, die für das kontrollierte Fliegen notwendig sind, übersteigt. Seine Rechnungen ergaben: etwa in 100 Kilometern Höhe. Dieses Kriterium fand die international maßgebende Fédération Aéronautique Internationale (FAI), die weltweit die Aktivitäten in den Bereichen Luftfahrt und Raumfahrt koordiniert, überzeugend, gab ihr den Namen Kármán-Linie und legte sie als Grenze zum darüberliegenden Weltraum fest.

Wo ist was? – Ein kleiner Weltraumführer

So, wie man Deutschland hierarchisch in Gemeinden, Landkreise und Bundesländer gliedert, macht man das seit jeher auch mit dem Weltraum, um ihn überschaubar zu halten. Das ist auch heute noch so.
Der Erste, der den Weltraum auf diese Weise zu strukturieren versuchte, war der griechische Philosoph Aristoteles (384–322 v. Chr.). Er tat es, um die Welt physikalisch zu ordnen. Babylonische, dann griechische Astronomen vor ihm hatten beobachtet, dass die Planeten ewiglich und gleichförmig kreisen. Das widersprach aber der Erfahrung auf der Erde, wo jeder Körper – egal, wie schnell er sich anfangs bewegt – irgendwann zur Ruhe kommt. Daher teilte Aristoteles den Weltenraum in zwei Teile: Der Nahraum reichte von der Erde bis ausschließlich zum Mond. Hier gab es die natürliche Schichtung der vier angenommenen Urstoffe, der sogenannten Elemente: die Erde unten, darauf das Wasser, darauf die Luft und darüber aufsteigend das Feuer. Zudem galt im Nahraum das Gesetz der natürlichen Bewegung nach unten und ruhender Körper als natürlichem Endzustand. Tiere und Menschen, die sich unnatürlicherweise ständig in alle Richtungen bewegen konnten, mussten eine Seele haben, die sie antrieb – so erklärte es bereits Pythagoras (570–ca. 510 v. Chr.).

Aristoteles' Fernraum reichte vom Mond bis einschließlich zur Sternensphäre, die für ihn außerhalb aller Wandelsterne (so nannten die Griechen früher die Planeten) lag. Wegen der im Fernraum ewiglichen und laut Plato göttlichen Kreisbewegungen der Planeten und Sterne, musste dort eine andere Physik gelten, die auf einem vermeintlichen fünften Element beruhte, das keine Abbremsung verursachte – der sogenannten »Quintessenz«. Das Konzept eines wirkungslosen Vakuums hatte Aristoteles, wie viele andere einflussreiche griechische Philosophen vor ihm bereits auch, aus vermeintlich logischen Gründen verworfen.

Interessanterweise und angestoßen durch die berühmte Rede »Vision for Space Exploration« des Präsidenten George W. Bush am 14. Januar 2004 übernahm die NASA von Aristoteles genau diese Zweiteilung des Weltraums, jedoch aus vollkommen anderen Gründen. Gemäß Bushs Vision sollte der Nahraum, den die NASA heute *cislunar space* nennt, US-Raumfahrtunternehmen zur Kommerzialisierung überlassen werden und sie darin sogar noch finanziell unterstützt werden. Die NASA hingegen sollte sich im Fernraum auf ihre ursprüngliche Rolle als Raumfahrtpionier für Explorationsmissionen zurückbesinnen. Diesen Teil des Weltraums nennt die NASA heute *translunar space*.

Astronomen unterteilen den translunaren Weltraum noch weiter nach strukturellen Gesichtspunkten: Zunächst wäre da der *interplanetare Raum* bis hin zum letzten Planeten des Sonnensystems, heute der de-

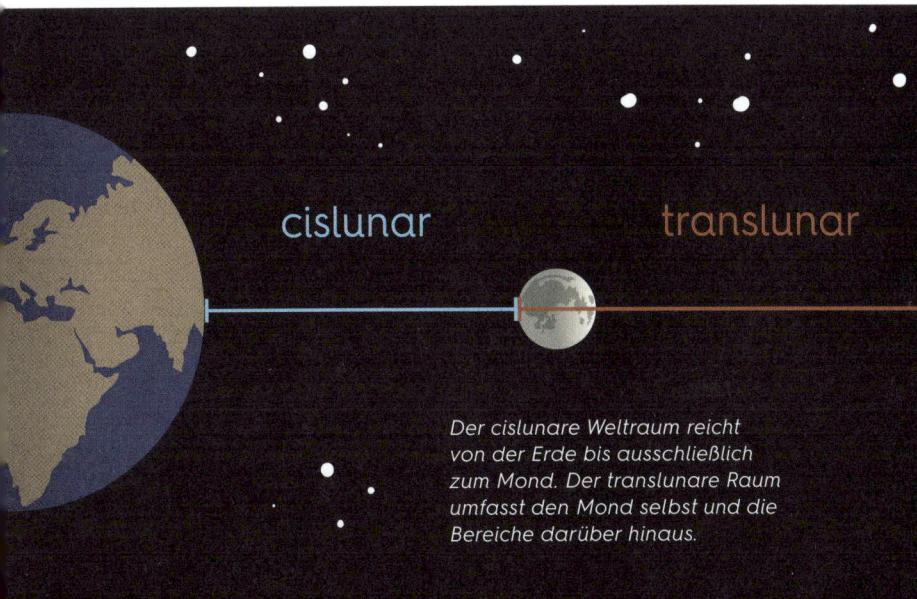

cislunar   translunar

Der cislunare Weltraum reicht von der Erde bis ausschließlich zum Mond. Der translunare Raum umfasst den Mond selbst und die Bereiche darüber hinaus.

Merkur Venus Erde Mars Jupiter Saturn Uranus Neptun

Sphären-harmonie

Schon für Pythagoras, einen Musikmystiker, kreiste jeder Planet in einer Sphäre und alle Sterne zusammen in einer äußersten Sphäre. Beim Kreisen erzeugt alles einen Ton. Zusammen erzeugen sie die berühmte Sphärenharmonie, die wir aber nicht hören können, weil wir angeblich seit Geburt daran gewöhnt sind.

Die Planeten in unserem Sonnensystem bestimmen den interplanetaren Raum. Jenseits davon beginnt der interstellare Raum.

gradierte Kleinplanet Pluto (Astrophysiker sind da pingeliger und ziehen die Grenze viel weiter draußen – dort, wo der ausströmende Sonnenwind eine Schockfront bildet, die sogenannte Heliopause); darüber hinaus beginnt der *interstellare Raum*, also der Raum zwischen den Sternen der Milchstraße. Unsere Milchstraße ist eine von vielen Milliarden Galaxien in unserem Universum, jede mit etwa 200 Milliarden Sternen, die relativ dicht gedrängt sind. Die Betonung liegt auf »relativ«, denn ihr Zwischenabstand beträgt im Mittel fünf Lichtjahre, das sind 50 Billionen Kilometer! Der Raum zwischen den Galaxien, mit einem mittleren Abstand von etwa zehn Millionen Lichtjahren, hingegen ist praktisch sternenleer – hin und wieder ein bisschen Staub und ein paar Wasserstoffatome. Diese gigantische Leere nennt man *intergalaktischen Raum*. Die Antwort auf die berühmte Frage »Wo endet dann das Universum?« lautet: In unserem unendlichen Universum gibt es kein Ende, mit dem intergalaktischen Raum geht es immer so weiter.

Bei solchen Entfernungen, für die selbst Licht, das mit 300 000 Kilometern pro Sekunde reist, Hunderte bis Millionen Jahre unterwegs ist, ist klar: Bemannte Raumfahrt wird auf unseren interplanetaren Raum be-

Wo endet unser Universum? Es gibt kein Ende! Mit dem intergalaktischen Raum geht es immer so weiter.

schränkt sein, Weltraumtourismus sicherlich sogar nur auf den cislunaren Raum und den Mond. Eventuell ist auch Tourismus zum Mars und zu seinen beiden Monden möglich, aber selbst für eine Reise zum Mars braucht man mindestens zwei Jahre – nicht gerade ein Kurzurlaub, eher einer vom Typ »Mars sehen und …«

Wichtig: orbitale und suborbitale Flüge

Jeder, der ins All fliegt, sollte den Unterschied zwischen orbitalen und suborbitalen Flügen kennen. Er entscheidet darüber, wie viel man für einen Flug zahlt und ob man sich danach Astronaut nennen darf.

Ein orbitaler Raumflug ist das, was man gemeinhin als Raumflug in einen Erdorbit kennt: Die Rakete startet und bringt das Raumfahrzeug in eine Erdumlaufbahn. Weil die Orbitgeschwindigkeit von 28 000 Kilometern pro Stunde im erdnahen Orbit eine Zentrifugalkraft erzeugt, die immer die Erdanziehungskraft ausgleicht (siehe S. 69), umkreist jedes orbitale Raumfahrzeug schwerelos und vollkommen antriebslos die Erde. So auch die Internationale Raumstation in etwa 400 Kilometern Höhe.

Bei einem suborbitalen Flug fliegt das Fahrzeug zwar auch in eine Höhe von über 100 Kilometern und damit in den Weltraum, aber wie ein geworfener Stein erreicht es mit null Kilometern pro Stunde eine Gipfelhöhe und fällt dann gleich wieder zurück zur Erde.

Während also ein suborbitaler »Hopser« im freien Fall nur etwa fünf Minuten dauert, fliegt man orbital beliebig lange, mindestens aber 90 Minuten, nämlich eine Erdumkreisung. Der technische Aufwand eines suborbitalen Fluges unterscheidet sich zu dem eines orbitalen Fluges etwa im Verhältnis 1 zu 100. Entsprechend ist der Flugpreis für einen orbitalen Flug etwa hundertmal größer als für einen suborbitalen, und nur bei orbitalen Flügen wird man ein Astronaut.

Wer ist ein Astronaut?

Es gibt viele Menschen, die sich einen Flug bei Richard Branson kaufen wollen oder sogar schon gekauft haben, sich dann euphorisch an mich wenden und wissen wollen, was man bei so einem suborbitalen Flug erlebt und was man als Astronautin oder Astronaut dann von der Erde sehen kann. Meine erste Antwort lautet gewöhnlich: »Mit einem suborbitalen Flug wird man kein Astronaut!« Dann regt sich Protest, denn man flöge ja nachweislich in den Weltraum und Branson verleihe ihnen nach dem Flug schließlich die *Astronaut Wings*, womit sie die *United States Astronaut Badge* meinen. Ich: »Mag sein, aber damit ist man noch kein international anerkannter Astronaut.« Ab hier wird die Gegenseite erregter: »Ich habe doch 250 000 US-Dollar dafür bezahlt!« – und weitere Erklärungen schwierig.

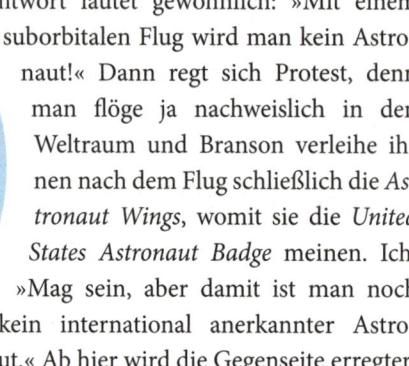

Astronaut

Das Wort »Astronaut« leitet sich ab vom griechischen *ástron* (Stern) und *nautes* (Seefahrer). Russisch sagt man Kosmonaut, chinesisch Taikonaut, französisch Spationaut und im Malaysischen Angkasawan.

Die rechtliche Lage   Fangen wir ganz vorne an. Der Begriff »Astronaut« ist international-rechtlich nicht geschützt. Jeder, der sich damit schmücken will, darf das tun, er kann dafür strafrechtlich nicht belangt werden. Zudem ist es leider so, dass es keine rechtlich maßgebende Definition gibt. Im rechtlich bindenden *Outer Space Treaty* (Weltraumvertrag) aus dem Jahre 1967, dem sich fast alle Staaten der Erde angeschlossen haben, heißt es:

»Die Staaten betrachten Astronauten als Gesandte der Menschheit im Weltraum und leisten ihnen im Falle eines Unfalls, einer Seenot oder einer Notlandung auf dem Hoheitsgebiet eines fremden Staates oder auf hoher See jede erdenkliche Hilfe. Astronauten, die eine solche Landung durchführen, müssen sicher und unverzüglich in den Eintragungsstaat ihres Raumfahrzeugs zurückgebracht werden.«

Leider wurde dabei nicht festgelegt, wer Astronauten sind. Andererseits wäre es demnach im Falle eines Raumfahrtunfalls rechtlich gesehen

Während ein suborbitaler Hopser im freien Fall nur etwa fünf Minuten dauert, fliegen Sie orbital beliebig lange, mindestens aber 90 Minuten, nämlich eine Erdumkreisung.

sehr wichtig zu wissen, ob Weltraumtouris Astronauten sind oder nicht. Den rechtlichen Aspekt einer Weltraumreise klären wir später (siehe S. 161). Hier geht es lediglich um die Frage: »Wer ist eine Astronautin beziehungsweise ein Astronaut?«

Zum Zeitpunkt, als der Weltraumvertrag entstand, verstand man unter Astronauten staatlich angestellte, hochtrainierte professionelle Raumfahrer und nicht irgendjemanden, der in den Weltraum fliegen könnte. Aber sieht man das heute immer noch so? Die Frage, ob nur berufliche Raumfahrende Astronauten sind, werden heute sicherlich viele – und wie ich meine mit Recht – verneinen. Dann könnten doch auch trainierte Weltraumreisende Astronauten sein?!

Internationale Rechtsexperten sind sich einig, dass Personen, die orbital fliegen, also die Erde in mindestens 100 Kilometern Höhe (Grenze zum Weltraum) umrunden, im Sinne bisheriger internationaler Verträge über Weltraumfahrt Astronauten sind. Außerdem heißt es im *Moon Treaty* (Mondvertrag) aus dem Jahre 1979 ganz explizit, dass Personen auf dem Mond als Astronauten betrachtet werden (es sollte jedoch erwähnt werden, dass den Mondvertrag bisher kein Staat unterzeichnet hat, der selbst Personen ins All befördert, etwa die USA, China und Russland).

Nicht jeder, der ins All fliegt, ist auch ein Astronaut! Offen bleibt die Frage, ob suborbital fliegende Personen Astronauten sind oder nicht. Obwohl dies rechtlich nicht abschließend geklärt ist, schließen sich viele der Definition der *Association of Space Explorers* (ASE) an, der internationalen Vereinigung geflogener Astronauten. Gemäß ASE-Regeln sind ihre Mitglieder Astronauten mit der Maßgabe, dass sie die Erde mindestens einmal vollständig umkreist haben oder zum Mond geflogen sind, ihn dabei aber nicht notwendigerweise betreten haben müssen. Da solche Personen aus technischen Gründen einen Parkorbit

> # Die Association of Space Explorers betrachtet Sie dann als Astronauten, wenn Sie die Erde mindestens einmal vollständig umkreist haben oder zum Mond geflogen sind.

Das Emblem der Association of Space Explorers

um die Erde geflogen sind, bevor sie in die Mondübergangsbahn eingeschossen wurden, sind sie auch Erdumkreisende und allein deswegen Astronauten. Gemäß dieser ASE-Regel gelten aber suborbitale Raumfahrende nicht als solche.

Zum 50. Jahrestag der ersten Mondlandung empfand es jedoch die ASE als notwendig, ein gemeinsames Abzeichen für alle Raumfahrenden aller Nationen zu schaffen. Dementsprechend verleiht die ASE seit 2019 zwei unterschiedliche Abzeichen, die sogenannten *Universal Astronaut Insignia*. Für suborbitale Raumfahrende gibt es ein gabelförmiges Abzeichen mit einem Stern an der Spitze, für Astronauten ein gleiches Abzeichen, jedoch mit Kreis, der den Erdorbit symbolisiert.

Diese feine Unterscheidung ist entscheidend bei der Beantwortung der Frage: Wer war der erste US-Astronaut? Alan Shepard flog am 5. Mai 1961 als erster Amerikaner in eine Höhe von 187,5 Kilometern. Da er aber nur suborbital flog, zählt er in den USA auch offiziell nicht als erster US-Astronaut. Erst John Glenn umrundete am 20. Februar 1962 etwa anderthalbmal die Erde und gilt deswegen als erster US-Astronaut. Weil Shepard aber später, im Jahre 1971, Mitglied der *Apollo 14*-Mondlandemission war und alle Raumfahrenden auf Mondmissionen als Astronauten gelten, darf auch er sich als US-Astronaut bezeichnen.

Die heiklen Versprechungen von Richard Branson und Jeff Bezos

Dass Raumfahrende von suborbitalen Flügen keine Astronautinnen und Astronauten sein sollen, passt natürlich nicht ins Geschäftskonzept der Raumfahrtfirmen Virgin Galactic von Richard Branson und Blue

Origin von Jeff Bezos, die genau solche Flüge kommerziell anbieten. Branson verleiht seinen geflogenen Kundinnen und Kunden diesen Titel und wirbt insbesondere auch so dafür. Auf der Website *www.virgingalactic.com* von Virgin Galactic heißt es: »*Become an astronaut, become more human.*« und in seiner Werbebroschüre:

Parkorbit

Immer wenn bei einem Raumflug die Erde verlassen wird, begibt man sich zunächst in einen Parkorbit in etwa 250 Kilometern über der Erde. Dort macht man das *Check-out* prüft also, ob technisch alles klar ist. Erst dann erfolgt der Einschuss in eine Übergangsbahn zu einem anderen Himmelskörper.

»Alle, die [bei Virgin Galactic] fliegen, werden von der *Association of Space Explorers* mit speziell in Auftrag gegebenen Abzeichen als kommerzielle Astronauten anerkannt. Seit 1985 zählt die Organisation über 400 Astronauten aus 27 verschiedenen Ländern zu ihren Mitgliedern. Die Insignien werden nach dem Flug mit Ihren einzigartigen Astronautenflügeln von Virgin Galactic verliehen.«

Die beiden Universal Astronaut Insignia, verliehen durch die ASE. Links: Abzeichen für Personen, die im Weltraum waren, aber die Erde nicht einmal vollständig umkreist haben. Rechts: Abzeichen für Astronauten, die die Erde mindestens einmal vollständig umkreist haben.

Die Crew des VSS Unity-Raumfahrzeugs von Virgin Galactic mit Richard Branson (dritter von rechts) vor ihrem Flug am 11. Juli 2021

Um zu verstehen, was hiermit gemeint ist, muss man sich die US-Bestimmungen für kommerzielle Raumflüge ansehen. Die für die USA zuständige *Federal Aviation Administration* (FAA) bezeichnet Personen, die über 50 britische Meilen (entspricht 80,5 Kilometern) Höhe geflogen sind, als Astronauten (*astronauts*), und wiederum jene, die dabei in einem kommerziellen privaten Raumfahrzeug geflogen sind, als kommerzielle Astronauten (*commercial astronauts*). Letzteren verleiht die FAA die sogenannten *Commercial Astronaut Wings*. Die Liste aller bisher mit Commercial Astronaut Wings ausgezeichneten Personen findet man unter *en.wikipedia.org/wiki/Commercial_astronaut*.

Fassen wir zusammen: Alle Weltraumreisenden, die in einem kommerziellen US-Raumfahrzeug höher als 80,5 Kilometer fliegen, erhalten von der FAA das *Commercial Astronaut Wings*-Abzeichen. Dies ist aber international irrelevant, denn gemäß maßgebender IAF (siehe Abbildung S. 82) beginnt der Weltraum erst in 100 Kilometern Höhe. Selbst wenn

Vor dem Flug sollten Sie sich schriftlich die Zusage geben lassen, dass 100 Kilometer Höhe erreicht werden.

»Recognizing your spaceflight All those who fly will be recognized as commercial astronauts by the Assocciation of Space Explorers with specially commissioned insignia. Since 1985 the organization counts over 400 astronauts from 27 different countries as members. The insignia is awarded with your unique virgin galactic astronaut wings, post-flight.«

Flüge von Branson diese Marke überschreiten, werden von der ASE die Personen an Bord weder als *commercial astronaut* noch als ASE-Astronaut anerkannt. International hält sich jeder an die ASE-Regelung, wonach suborbital fliegende Personen als *space travelers* (Raumfahrende) gelten, der Oberbegriff für alle Personen, die über 100 Kilometer Höhe geflogen sind.

Bransons obige weitere Werbeaussage (»Seit 1985 zählt die Organisation über 400 Astronauten aus 27 verschiedenen Ländern zu ihren Mitgliedern.«) suggeriert, dass man mit einem suborbitalen Flug bei Branson Mitglied von ASE würde, was aber, wie wir festgestellt haben, falsch ist. Richtig ist, dass Bransons Weltraumreisende von der ASE deren suborbitales Abzeichen (siehe Abbildung S. 90) verliehen bekommen – das aber nur dann, wenn der Flug die Weltraumgrenze von 100 Kilometern Höhe überschritten hat.

Die Website *www.blueorigin.com* von Jeff Bezos' Unternehmen Blue Origin ist in Sachen »Werde ich Astronautin beziehungsweise Astronaut?« wesentlich sachlicher gestaltet. Nur an einer Stelle steht »*Fly to space on New Shepard – become an astronaut*« (*New Shepard* ist der Name der suborbitalen Rakete), was bedeutet, dass man mit Bezos auf *New Shepard* ins All fliegt und dadurch Astronaut wird; und nur er verspricht auf einer Folgeseite, dass der Flug über 100 Kilometer Höhe geht. Eine ausführliche Werbebroschüre wie Virgin Galactic bietet Blue

Origin nicht an. Auch Bezos' Versprechen mögen also wie Bransons Versprechen nach US-Maßstäben zwar richtig sein, sind international gesehen aber nicht haltbar.

Daher abschließend noch ein Tipp: Da sowohl Branson als auch Bezos ihre Kundschaft bisher nur knapp über 100 Kilometer Höhe beförderten, könnte es sein, dass bei kleinen Flugfehlern weniger als 100 Kilometer Gipfelhöhe erreicht werden. Damit erhielten Sie als Weltraumreisende zwar die *Commercial Astronaut Wings*, aber international gesehen wären Sie nicht nur keine Astronauten, sondern tatsächlich nicht einmal im Weltraum! Daher sollten Sie sich vor dem Flug schriftlich die Zusage geben lassen, dass – sollte der Flieger weniger als 100 Kilometer Höhe erreichen – Sie Anspruch auf weitere Flüge haben, bis die 100 Kilometer Höhe erreicht werden. Außerdem lassen Sie sich im Zweifelsfall nach dem Flug von der FAA (nicht nur von Branson und Bezos) die genaue erreichte Gipfelhöhe geben, denn nur die FAA-Angabe ist im Zweifelsfall maßgebend.

Gut zu wissen: Sowohl Virgin Galactic als auch Blue Origin sind Mitglieder der IAF, sollten sich also an deren internationale Regeln halten.

Wer waren die ersten Weltraumtouristen?

Die korrekte Antwort auf diese Frage hängt davon ab, was man unter Weltraumtouris versteht. Frans G. von der Dunk, Professor für Weltraumrecht an der Universität von Nebraska in den USA, gibt folgende verbreitete Definition: »Weltraumtourismus ist bemannte Raumfahrt zu Erholungszwecken.« Diese Festlegung halte ich für zu eng, denn die bisherigen kommerziellen orbitalen und suborbitalen Tourismusflüge von Virgin Galactic und Blue Origin dienten definitiv nicht der Erholung, sondern einzig dem kurzzeitigen, neuartigen Erlebnis eines Raumfluges. Die Definition von Stephan Hobe, Professor für Luft- und Weltraumrecht an der Universität Köln, wird dieser Sache schon gerechter: »Weltraumtourismus bezeichnet jede kommerzielle Aktivität, die Kunden direkte oder indirekte Erfahrungen mit der Raumfahrt bietet.« Aber wäre dann eine Person, die einen Raumflug durch eine nichtkommerzielle Aktivität erfährt und dennoch kein professioneller Astronaut (siehe S. 88) ist, dann kein Weltraumtourist?

Nehmen wir konkrete Fälle aus der Raumfahrtgeschichte. Die Reihe beginnt mit Prinz Sultan bin Salman Al Saud, einem Mitglied der königlichen Familie Saudi-Arabiens. Er flog mit dem Space-Shuttle *Discovery* im Juni 1985 für sieben Tage in eine Erdumlaufbahn und ist daher ein international anerkannter Astronaut. Aber ist er ein Weltraumtourist? Fakt ist, er flog im Auftrag des Staates Saudi-Arabien und offiziell als Vertreter der staatlichen *Arab Satellite Communications Organization* (ARABSAT), um den arabischen Satelliten *ARABSAT-1B* aus der Nutzlastbucht des Shuttles in den Weltraum zu entlassen. Dieselbe Situation gab es beim mexikanischen Astronauten Rodolfo Neri Vela, der im November 1985 an Bord des Space-Shuttles

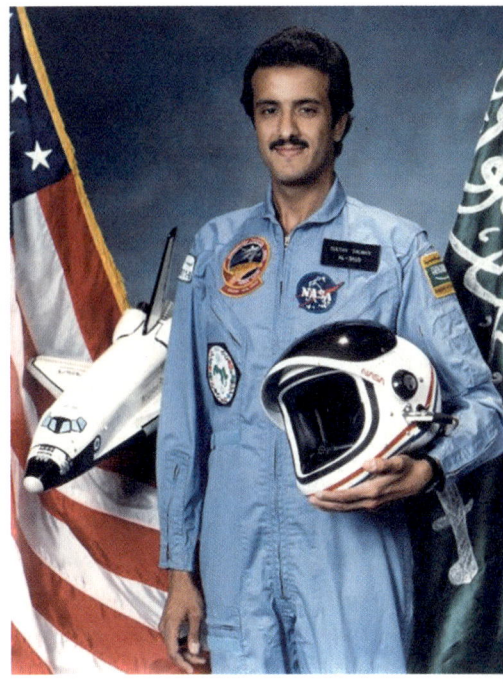

Rein formal könnte man den Astronauten und arabischen Prinzen Sultan bin Salman bin Abdulaziz Al Saud als ersten Weltraumtouristen ansehen.

Atlantis den mexikanischen Satelliten *MORELOS-B* in den Weltraum entlassen sollte. Tatsächlich waren beide Astronauten im Flug gar nicht in die Entlassung ihrer Satelliten involviert, wie es später hieß, das überließ die NASA vorsichtshalber den professionellen und dafür trainierten NASA-Astronautinnen und -Astronauten an Bord.

Der Hintergrund dieser beiden Fälle ist, dass sich die NASA Mitte der 1980er-Jahre öffnete und anderen Staaten erlaubte, das Space-Shuttle zu nutzen, um ihre Satelliten in den Weltraum zu bringen, einschließlich des Mitfluges einer Astronautin oder eines Astronauten jenes Staates – gegen einen gewissen Preis, versteht sich. In beiden Fällen ist nicht bekannt, wie hoch der Preis war, den die NASA für den Mitflug des Satelliten und des jeweiligen Astronauten forderte. Wie auch immer, es floss

Geld für eine Leistung und die Astronauten hatten keine eigenstaatlichen Aufgaben an Bord. Man könnte also sagen: Diese beiden Astronauten waren Kunden einer kommerziellen Aktivität der NASA, die die direkte Erfahrung eines Raumfluges genießen und wegen fehlender oder geringfügiger Aufgaben sich sogar erholen konnten. Gemäß obiger Definition von Prof. Hobe und selbst nach der von Prof. Dunks wäre Prinz al Saud also der erste Weltraumtourist in der Raumfahrtgeschichte. Dies würden die NASA und Saudi-Arabien zwar vehement bestreiten, aber formal könnte man das so sehen.

Andererseits mag man die Meinung vertreten, nur solche Flüge wären touristischer Natur, die nicht zwischen zwei staatlichen Regierungen ausgehandelt wurden, sondern bei denen der Kunde ein Privatunternehmen oder eine private Person ist. Dazu die folgenden zwei konkreten Fälle: Der japanische Journalist Toyohiro Akiyama flog im Dezember 1990 für sieben Tage auf die damalige russische Mir-Station und ist mit diesem orbitalen Raumflug Japans erster Astronaut. Für den touristischen Aspekt ist wichtig zu wissen, dass Akiyama seinerzeit ein japanischer Fernsehreporter war und als Teil eines 12-Millionen-Dollar-Deals zwischen der japanischen TV-Firma TBS Corporation und der Sowjetunion ins All geschossen wurde. Mit diesem sollte nach dem Zerfall der Sowjetunion Anfang der 1990er-Jahre einerseits deren verzweifelter Bedarf an harter Währung und andererseits der Hunger des Fernsehsenders in Tokio, einen Quotenkrieg zu gewinnen, befriedigt werden, so die »New York Times« wörtlich.

Ähnlich ist der Fall der britischen Chemikerin Helen Sharman. Sie flog im Mai 1991 für acht Tage auf die Mir-Station. Auch sie zahlte persönlich nichts für den Flug. Sie wurde im Rahmen des privatfinanzierten britisch-russischen Projekts *Juno* als Kandidatin ausgewählt. Das Ziel des Projekts war es, den ersten britischen Bürger ins All zu bringen und den Flugpreis von ebenfalls zwölf Millionen US-Dollar durch Spenden und Lotterien aufzubringen. Bei der Beurteilung dieser beiden Fälle im Hinblick auf die Frage, ob man Akiyama und Sharman als Weltraumtouristen bezeichnen könnte, sollte man berücksichtigen, dass der Japaner im All eine Aufgabe hatte – nämlich die, Artikel über seine Mission zu schreiben, die veröffentlicht wurden. Sharman wiederum hatte die Aufgabe, an Bord der Mir medizinische und landwirtschaftliche russi-

Der erste klare Fall: Der Amerikaner Den-
nis Tito war zweifellos ein Weltraumtourist.

Anousheh Ansari zählt man als erste
eindeutige Weltraumtouristin.

sche Experimente und Unterricht mit britischen Schulkindern durchzuführen.

Diese beiden Fälle sind im Vergleich zu den beiden zuvor betrachteten
aus meiner Sicht eher weltraumtouristischer Natur, da offensichtlich
und beiderseits von kommerzieller Absicht, zudem war der zahlende
Kunde in beiden Fällen ein Privatunternehmen. Dagegen spricht allerdings der Umstand, dass die Flüge vertraglich nicht Erholungszwecken
dienten, sondern explizit mit der Durchführung von Aufgaben auf der
Mission verbunden waren.

Klar auf der Hand liegt eine Reihe von Fällen, in denen Privatpersonen
aus eigener Tasche für Missionen auf der Mir-Station Geld bezahlten,
und zwar ausschließlich für das private Raumfahrterlebnis. Die ersten
und auch bekanntesten sieben waren der Amerikaner Dennis Tito (April 2001, 7 Tage), der Südafrikaner Mark Shuttleworth (April 2002,
9 Tage), der Amerikaner Gregory Olsen (Oktober 2005, 9 Tage), die
Amerikanerin Anousheh Ansari (September 2006, 10 Tage), der Amerikaner Charles Simonyi (April 2007, 14 Tage und März 2009, 13 Tage),

der Amerikaner Richard Garriott (Oktober 2008, 12 Tage) und der Kanadier Guy Laliberté (September 2009, 11 Tage). Mit Recht zählen diese Personen als die ersten klaren Fälle von Weltraumtourismus. Demnach wäre Dennis Tito der erste Weltraumtourist der Raumfahrtgeschichte. Bei den Frauen ist die Situation ähnlich: Man könnte Helen Sharman zwar als erste Weltraumtouristin anerkennen, aber zweifellos klar ist erst der Fall Anousheh Ansari, weswegen sie meist – und auch zu Recht – als erste Weltraumtouristin in der Raumfahrtgeschichte bezeichnet wird. Eine Liste aller eindeutigen Fälle von Weltraumtourismus findet man auf *de.wikipedia.org/wiki/Weltraumtourismus*.

Weltraumkrankheit, Space Aging und Strahlenrisiko

Weltraumflüge sind ein besonderes Erlebnis, aber sie können auch Nachteile für den menschlichen Körper mit sich bringen – keine gravierenden, aber immerhin.

Beginnen wir mit der bekannten Weltraumkrankheit. Genau genommen müsste es Schwerelosigkeitskrankheit heißen, denn diese ist immer der Auslöser für die Krankheitssymptome. Es gibt vier verschiedene Symptome der Weltraumkrankheit, die auch unterschiedliche körperliche Ursachen haben, aber alle durch die Schwerelosigkeit hervorgerufen werden.

Übelkeit Das bekannteste Symptom ist die Übelkeit. Diese kann relativ schnell, innerhalb weniger Minuten nach Einsetzen der Schwerelosigkeit, eintreten und bis zu 36 Stunden anhalten, weshalb sie für orbitale, suborbitale (siehe S. 87) und sogar für Parabelflüge gleichermaßen von Bedeutung ist. Gemäß interner NASA-Aussage sind etwa 70 Prozent ihrer Astronauten und Astronautinnen davon betroffen. Dieser Anteil gilt in etwa auch für andere Weltraumreisende.

Die durch Schwerelosigkeit ausgelöste Übelkeit ist eine Form der Kinetose, worunter Mediziner eine Krankheit verstehen, deren Ursache ungewohnte Umgebungsveränderungen oder Widersprüchlichkeit von Sinneseindrücken sind. Die Seekrankheit, hervorgerufen durch das ständige Schwanken eines Boots und der damit verbundenen Irritation

Es gibt vier verschiedene Symptome der Weltraumkrankheit, die auch unterschiedliche körperliche Ursachen haben, aber alle durch die Schwerelosigkeit hervorgerufen werden.

des Gleichgewichtsorgans, ist das wohl bekannteste Beispiel. Unser Gleichgewichtsorgan, das sogenannte Vestibularorgan, ist für Kinetosen von zentraler Bedeutung. Vielen mag es zwar nicht bewusst sein, aber das Vestibularorgan ist ein Sinnesorgan. Deshalb haben wir neben den klassischen fünf Sinnen Hören, Riechen, Schmecken, Sehen und Tasten einen echten sechsten Sinn, den wir aber normalerweise nicht wahrnehmen. Erst wenn das Vestibularorgan irritiert oder in seiner Funktion beeinträchtigt wird, merken wir die Auswirkungen – und die können gravierend sein, bis hin zur völligen Gehunfähigkeit.

Gegen die Übelkeit durch Schwerelosigkeit kann man vor einer Mission nichts tun. Entweder man bekommt sie oder nicht. Russische Raumfahrtmediziner glauben zwar, durch eine gezielte Irritation des Vestibularorgans mithilfe eines Schwingstuhls (ähnlich einer Schiffsschaukel) vor der Mission die Astronauten an die Irritation durch Schwerelosigkeit gewöhnen zu können, aber deutsche Raumfahrtkollegen, die bei der russischen Raumfahrtbehörde trainierten, sagten mir, der Schwingstuhl hätte ihnen für ihren Raumflug nichts gebracht – im Gegenteil, er sei im wahrsten Sinne des Wortes zum Kotzen. Wenn man sich überlegt, dass ein Schwingstuhl über eine Corioliskraft die Bogengänge im Vestibularorgan reizt, während Schwerelosigkeit auf die Makula verändernd einwirkt, ist es einleuchtend, dass diese Schwingstühle keinen positiven Effekt haben können. Daher mein Rat: Tun Sie vorher nichts und lassen Sie sich einfach überraschen, ob es Ihnen bei Ihrem Weltraumabenteuer übel wird oder nicht.

In der Schwerelosigkeit angekommen, merkt man sofort die Irritation des Vestibularorgans. Bei jeder schnellen Drehung des Körpers, bei jeder schnellen Kopfbewegung wird einem mulmig. Als erste unwillkürliche Gegenmaßnahme ziehen viele den Kopf zwischen die Schultern, was die Kopfbewegung deutlich einschränkt – man fühlt sich etwas

Nehmen Sie vor suborbitalen Flügen keine starken Sedativa ein, weil die das Wahrnehmungsvermögen einschränken. Damit wäre Ihr Erlebnis des kurzen Raumflugs beeinträchtigt.

wohler. Dennoch bewirkt diese Irritation eine mehr oder weniger starke Übelkeit, und bei starker Übelkeit muss man sich bekanntlich übergeben. Sollten Sie zu diesen 70 Prozent stark Betroffener gehören, dann können Sie die Übelkeit durch Medikamente dämpfen. Eines der besten Mittel gegen Kinetose überhaupt ist das Medikament *Scopolamin*. Es wirkt dämpfend auf das Brechzentrum im Gehirn, macht aber auch apathisch. Um das zu vermindern, gab die NASA Ihren Astronauten zu *Scopolamin*-Tabletten auch ein Amphetamin mit stimulierender Wirkung. Inzwischen stellt die NASA nur noch das Promethazin *Phenergan* zur Verfügung, was dem deutschen *Atosil*, *Closin* oder *Proneurin* entspricht. Manche nehmen, auch in Flugzeugen, gerne Ingwer ein, was jedoch weit weniger wirksam ist. Ich persönlich kann Ihnen aufgrund fehlender eigener Übelkeitserfahrung keinen Tipp geben, denn ich gehöre glücklicherweise zu den anderen 30 Prozent. Was aber bei allen Personen zu 100 Prozent hilft, ist eine Spucktüte, die jeder Raumfahrer vor einem Flug erhält und die man am besten in die Brusttasche steckt und griffbereit hält, denn im Ernstfall zählt jede Sekunde.

Die gute Nachricht für orbital fliegende Betroffene lautet, dass die Übelkeit meist nach zwölf Stunden vorbei ist, allerspätestens nach 36 Stunden. Das ist der Grund, warum Missionsplaner für professionelle Astronauten am ersten Flugtag nur 30 Prozent Arbeitsbelastung und am

Tipp

Damit Sie die Spucktüte nicht brauchen, machen Sie es wie die NASA-Astronauten: In den letzten neun Stunden vor dem Flug nichts mehr essen, sondern nur noch Wasser trinken. Sollten Sie die Tüte trotzdem brauchen, ganz dicht an den Mund halten, denn schwebender Auswurf geht schnell daneben!

Die Flüssigkeitsverschiebung beim Übergang in die Schwerelosigkeit aus dem Unterkörper in den Oberkörper hat neben Kopfschmerzen keine krankhaften Auswirkungen: Wegen der Elastizität der Haut schießt die Flüssigkeit bevorzugt in die Hautschichten am Kopf und lässt dort insbesondere das Gesicht anschwellen. Die Amerikaner nennen das puffy face. Dafür fehlt in den Beinen die Körperflüssigkeit, wodurch sie wie Hühnerbeine aussehen – chicken legs. Außerdem vermindert die Hypertonie die geistige Leistungsfähigkeit, man fühlt sich nicht klar im Kopf. Die Amerikaner nennen das space fog. Jede Tätigkeit fällt schwerer und dauert länger als auf der Erde; zusammen mit der in der Schwerelosigkeit langsameren Bewegung doppelt so lange.

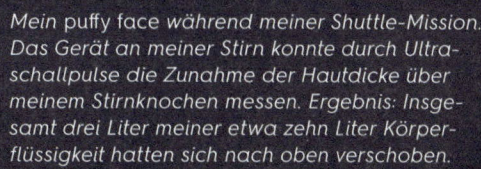

Mein puffy face *während meiner Shuttle-Mission. Das Gerät an meiner Stirn konnte durch Ultraschallpulse die Zunahme der Hautdicke über meinem Stirnknochen messen. Ergebnis: Insgesamt drei Liter meiner etwa zehn Liter Körperflüssigkeit hatten sich nach oben verschoben.*

zweiten Tag nur 70 Prozent einplanen. Außenbordeinsätze werden in diesen beiden Tagen grundsätzlich nicht durchgeführt.

Ein Tipp von mir: Nehmen Sie vor suborbitalen Flügen keine starken Sedativa ein, weil die das Wahrnehmungsvermögen beeinträchtigen. Damit wäre Ihr Erlebnis des kurzen Raumfluges beeinträchtigt, wofür Sie doch bezahlt haben. Besser ist ein schneller Griff zur Tüte, um den Dingen freien Lauf zu lassen – dann geht's einem schon viel besser und man ist wieder offener für die Eindrücke des Fluges. Selbst bei orbitalen Flügen würde ich nicht zur vorherigen Einnahme von starken Medikamenten raten. Denn vielleicht gehören Sie doch zu den glücklichen 30 Prozent, und dann wären die interessanten Eindrücke geschmälert. Sollten Sie nicht zu den Glücklichen gehören, ist es besser, sich schnell zu erleichtern und erst danach das Medikament einzunehmen.

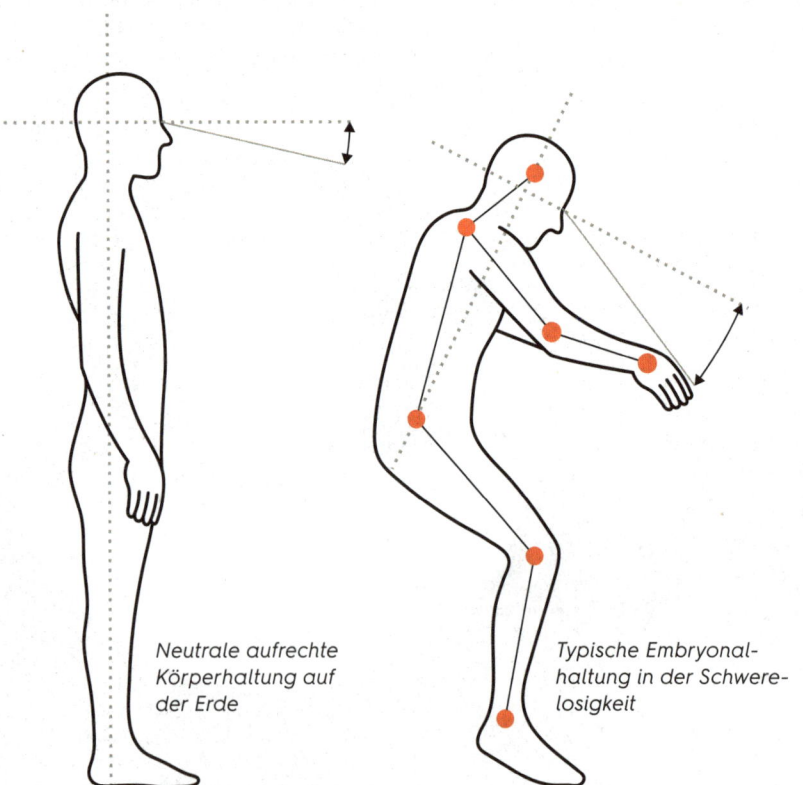

Neutrale aufrechte Körperhaltung auf der Erde

Typische Embryonalhaltung in der Schwerelosigkeit

Kopfschmerzen, Rückenschmerzen und Verdauungsstörungen

Die drei anderen Symptome der Weltraumkrankheit sind Kopfschmerzen, Rückenschmerzen und Verdauungsstörungen. Sie alle sind Langzeitsymptome, die erst nach vielen Stunden oder gar Tagen, also nur bei orbitalen Flügen, eintreten.

Kopfschmerzen entstehen in der Schwerelosigkeit durch die Verschiebung der Körperflüssigkeiten – Blut und Gewebsflüssigkeit – aus den unteren in obere Körperteile, insbesondere in den Kopf. Das lässt den Flüssigkeitsdruck im Hirn ansteigen (Hypertonie), was zu leichten Kopfschmerzen führt. Astronauten tun dann das, was viele auf der Erde bei Kopfschmerzen auch tun, sie nehmen etwas Aspirin.

Ich war bei meiner Mission verwundert, als ich nach zwei Tagen im All Rückenschmerzen bekam, keiner hatte mir vorher etwas davon erzählt. Ein Raumfahrtmediziner erklärte mir später den Grund: In der Schwerelosigkeit ist die Embryonalhaltung die neutrale Körperhaltung. Dadurch werden die Muskelstränge seitlich entlang der Wirbelsäule etwas oberhalb des Beckens, die sogenannten Rückenstrecker, gedehnt. Diese ständige Überforderung quittieren sie mit Muskelschmerzen. Als typische Reaktion fasst man sich an die Strecker und beugt den Oberkörper zurück, um sie zu entspannen. Das hilft nur kurzfristig. Aber nach zwei bis drei Tagen haben sich die Muskeln an die Dauerstreckung gewöhnt und nichts tut mehr weh.

Wie bei einer gewöhnlichen Reise auf der Erde auch, beeinträchtigt die veränderte Umwelt einer Weltraumreise die Verdauung – viele bekommen Verstopfung. Man macht dann das, was man auf der Erde auch tut: Nach drei bis vier Tagen nimmt man ein Laxativum ein. Aber Achtung bei Ungeübten: Die Darmentleerung kann nach etwa einem bis zwei Tagen schlagartig einsetzen. Darauf sollte man vorbereitet sein, denn der »Gang« zur Toilette dauert im Weltraum mindestens doppelt so lange.

Langzeitfolgen In der Schwerelosigkeit trägt der Körper sich selbst. Dort braucht er weder ein tragendes Skelett noch viele Muskeln zur Fortbewegung. Wie auf der Erde beseitigt der Körper auch im Weltraum alles, was er nicht braucht. Den Abbau kann man an der vermehrten Ausscheidung von Proteinen und Kalzium im Urin feststellen. Er vollzieht sich konstant über die gesamte Missionsdauer, pro Flugmonat verliert man im Mittel 1,6 Prozent Oberschenkel- und etwa 0,35 Prozent Gesamtkörper-Knochenmasse. Um das abzumildern oder gar ganz zu verhindern, müssen Raumfahrende auf der Raumstation täglich anderthalb Stunden Körpertraining, insbesondere Laufband, absolvieren. Das ist sicherlich das Langweiligste – manche mögen sagen das Ärgerlichste – an einer monatelangen Weltraumreise. Langzeitreisende leiden also an einer mehr oder weniger ausgeprägten Osteoporose. Weil Osteoporose ein Problem bei alten Menschen ist, das sich aber nur schleichend vollzieht, ist Osteoporose auf Raumstationen, wo sie sich relativ schnell vollzieht, ein wichtiges Forschungsgebiet. Zurück auf der Erde bilden sich Knochen und Muskeln nach vielen Wochen wieder vollständig zurück.

Da ein touristischer Aufenthalt im Weltraum typischerweise nur zwei Wochen auf einer Raumstation umfasst, ist dieser Abbau minimal und eigentlich nicht nennenswert. Daher kann man auf einer zweiwöchigen Weltraumreise durchaus auf Körpertraining verzichten. Gravierend werden die Folgen bei Mars-Missionen, bei denen man rund 200 Tage hin und 200 Tage zurück schwerelos unterwegs sein wird. Auf dem Mars, wo man sich rund 600 Tage befinden wird, unterliegt man zudem nur 38 Prozent der Erdschwere, was der Osteoporose ebenfalls Vorschub leistet.

Überhaupt unterliegt der menschliche Körper bei sehr langen Raumflügen degenerativen Veränderungen. Nach Aufenthalten von typischerweise sechs Monaten auf der ISS diagnostizierte man anschließend leichte Sehbehinderungen, die man auf den ständigen leichten Augenüberdruck durch Hypertonie zurückführte, sowie Immunfunktionsstörungen, die sowohl durch die Schwerelosigkeitsbedingungen wie auch durch die Sterilität auf der ISS verursacht sein könnten.

Im Jahre 2019 erschien eine Zwillingsstudie der NASA zu den Astronautenzwillingen Scott und Mark Kelly. Scott verweilte für ein Jahr auf der ISS, während Mark auf der Erde blieb. Die sehr ausführlichen medizinischen Untersuchungen zeigten, dass durch Flüge, die länger als sechs Monate dauern – also bei Flügen zum Mars –, Raumfahrende folgenden Risiken ausgesetzt sind: mitochondriale Dysfunktion, immunologischer Stress, Gefäßveränderungen und Flüssigkeitsverschiebungen, kognitive Leistungsminderung sowie Änderungen der Telomerlänge,

Genregulation und Genomintegrität. All diese möglicherweise entstehenden Symptome fasst man unter dem Begriff *Space Aging* zusammen, weil sie auch bei Alterung auf der Erde auftreten.

Strahlungsrisiko bei Raumflügen Schließlich gibt es im Weltraum noch das Krebsrisiko durch kosmische Strahlung. Dazu ein paar Zahlen: Die Wahrscheinlichkeit, dass ein normaler Erdenbürger an Krebs stirbt, beträgt etwa 20 Prozent. Mediziner haben anhand im Weltraum gemessener Strahlungsdosen berechnet, dass durch eine 1000 Tage während Mars-Mission das Risiko, tödlich an Krebs zu erkranken, um drei Prozent steigt. Bei einer halbjährigen ISS-Mission wäre das Risiko um 0,27 Prozent und bei einer zweiwöchigen touristischen Reise auf ein Weltraumhotel im niedrigen Erdorbit um 0,02 Prozent erhöht. Das bedeutet: Sollte jemand nach einer zweiwöchigen orbitalen Reise tödlich an Krebs erkranken, dann ist die Ursache zu 99,9 Prozent Wahrscheinlichkeit natürlicher Art und wurde nur zu 0,1 Prozent von der orbitalen Reise ausgelöst. Bei einer Mars-Reise lauten die Zahlen: zu 87 Prozent auf natürliche Art, zu 13 Prozent durch den Aufenthalt im Weltraum. Ich denke, das Strahlenrisiko von Weltraumreisen ist somit minimal. Da sind die Risiken, an den Folgen eines technischen Problems in der Mission zu sterben, weitaus größer.

Weltraumreisen heute

Wohin eigentlich?

Wie bei Auslandsreiseangeboten auf der Erde haben Sie heute die Wahl zwischen drei sehr unterschiedlichen Raumflugvarianten: Suborbitale und orbitale Raumflüge (Details siehe S. 87, Abschnitt »Wichtig: orbitale und suborbitale Flüge«) sowie Mondflüge. Suborbitale Flüge sind schwerelose parabelförmige Hopser von etwa fünf Minuten Dauer und knapp über die Grenze zum Weltraum in 100 Kilometern Höhe. Orbitale Flüge hingegen begeben sich in eine weit höher gelegene Kreisbahn um die Erde – in einen sogenannten Erdorbit –, in dem sich auch Raumstationen befinden, wo es sich angenehmer leben lässt. Die Aufenthaltsdauer auf Raumstationen ist praktisch unbegrenzt, je nachdem, wie viel Zeit und Geld man mitbringt. Man könnte suborbitale Flüge mit einer Reise kurz über die Grenze zum Gardasee vergleichen und einen orbitalen Flug mit einer Weltreise. Dieser Vergleich ist überaus passend, sowohl was den zeitlichen als auch was den finanziellen Reise- und Vorbereitungsaufwand betrifft. Touristenflüge zum Mond, wovon bisher nur einer verkauft wurde, sind damit nicht zu vergleichen – sie sind eine ganz andere Reiseklasse, doch dazu später mehr.

Suborbitale Flugreisen

Suborbitale Flüge sind etwas für Einsteiger. Sie sind die schnelle und relativ günstige Variante, ins All zu kommen. Ein suborbitaler Flug ist im eigentlichen Sinne kein Raumflug, also ein Flug im Raum, sondern nur eine ganz kurze Grenzüberschreitung zum Weltraum. Das ist so, als würde man gefragt werden, ob man schon einmal ein Österreich gewesen sei, und darauf antworten: »Ja, ich war schon einmal an der Grenze einkaufen.« Entsprechend verleiht Ihnen die Busreisegesellschaft vielleicht ein Zertifikat mit dem Titel »Sie waren in Österreich«, was formal richtig ist. Ich will damit sagen, dass sich ein suborbitaler Flug vom Erlebnis her wesentlich von einem orbitalen unterscheidet.

Aber in einer Hinsicht unterscheidet er sich nicht von einem orbitalen Flug: Man sieht das Grün der Wälder, das Braun nackter Erde, blaue Seen und Meere sowie weiße Wolken unter sich und, ganz wichtig: die Atmosphäre als hauchdünne Schicht am Horizont – das Symbol für die Verletzlichkeit unserer Erde – und darüber die unendliche Schwärze des Alls. Genauso sieht es auch aus einem Erdorbit aus.

Was kann man von dort oben sehen? Von angehenden Suborbitalfliegern werde ich oft gefragt, wie weit man aus 100 Kilometern Höhe sehen kann. Wenn mit »größter Weite« der Horizont gemeint ist, dann lautet die genaue Antwort: bis 1122 Kilometer Entfernung. Aber diese Angabe ist belanglos, denn man kann nicht sehen, was da am Horizont ist, wie wir gleich feststellen werden. Wenn hingegen die Frage lautet: »Bis zu welcher Entfernung kann man aus 100 Kilometern Höhe Dinge auf der Erde erkennen?«, dann sieht die Sache ganz anders aus. Für den nahen Weltraum gilt: Nur bei Blickwinkeln senkrecht nach unten bis zu zehn Grad unter dem Horizont kann man Dinge erkennen. Wie das ne-

> *Sie sehen das Grün der Wälder, das Braun nackter Erde, blaue Seen und Meere und weiße Wolken unter sich, und darüber die unendliche Schwärze des Alls.*

Die beliebte Oblique View (Schrägsicht): ein typischer Blick aus 100 Kilometern Höhe über den US-Staat New Mexico seitlich zum Horizont

benstehende Bild einer Schrägsicht sehr schön zeigt, sieht man kurz unterhalb des Horizonts nichts, weil entweder der Dunst der Atmosphäre das verhindert, Wolken die Sicht verdecken oder Berge die Sicht begrenzen. Wie weit entfernt sind Dinge bei der Sichtgrenze von zehn Grad unter dem Horizont? Um genau zu sein, 463 Kilometer in jede Richtung. Weil selbst da noch Wolken und Berge einige Bereiche verdecken können, lässt sich grob sagen: »Sichtweite bis etwa 400 Kilometer Entfernung«. Aber es geht gar nicht um die genaue Entfernung und irgendwelche erkennbaren Details, sondern um den Gesamteindruck: unten die geschrumpfte Erde in harmonischen Tönen, über mir die faszinierende Schwärze des Weltalls und dazwischen diese hauchdünne hellblaue Schicht. Ich konnte mich daran gar nicht sattsehen. Das ist vergleichbar mit dem Blick von einem Berggipfel, aber noch erhabener: das überwältigende Gefühl, über den Dingen zu stehen. Der Blick gleitet in die Ferne, viel Blau über einem und viele unbedeutende kleine Details darunter.

Was sind die körperlichen Voraussetzungen?   Was die meisten Interessenten an Raumflügen umtreibt, ist die Sorge, man könnte körperlich nicht fit genug sein. Da hat der Mythos »The Right Stuff« (siehe S. 62)

Der Schauspieler William Shatner, bekannt geworden als Captain Kirk, nahm 2021 im Alter von 90 Jahren an einem Suborbitalflug teil.

Wally Funk

Die US-amerikanische Pilotin bestand in den 1960er-Jahren die medizinischen Tests für das *Mercury*-Programm, erhielt damals aber nicht die Chance, ins All zu fliegen.

ganze Arbeit geleistet. Hier sind drei Beispiele, die Ihnen diese Sorge sofort nehmen sollten: John Glenn, der erste US-Astronaut im Jahre 1962, flog ein zweites Mal im Jahre 1998 auf einem Space-Shuttle ins All – im Alter von 77 Jahren. Jeff Bezos nahm auf seinem ersten suborbitalen Touristenflug im Juli 2021 die 82 Jahre alte Dame Wally Funk mit, die in den 1960er-Jahren Pilotin gewesen war. Den Altersrekord hält jedoch William Shatner. Er spielte die Rolle des Captain James T. Kirk in »Raumschiff Enterprise«. Im Alter von 90 Jahren flog er als Weltraumtourist an Bord der suborbitalen Rakete *New Shepard* von Elon Musk ins All und stieg nach der Landung mit der Kapsel ganz munter aus und gab direkt danach ein euphorisches Interview.

Vollends überzeugen sollte Sie, was die Anbieter suborbitaler Flüge körperlich voraussetzen. Am genauesten hat sich Jeff Bezos' Firma Blue Origin dazu geäußert, als sie die Flugsitze für ihren ersten Tourismusflug im Juli 2021 versteigerte. Die Bedingungen der Teilnahme wurden damals im Internet veröffentlicht. Dort hieß es (Auszug hinsichtlich körperlicher Bedingungen):

Kandidaten müssen folgende funktionellen Anforderungen erfüllen.

Sie müssen …
- eine Körpergröße zwischen 1,52 m (5'0") und 1,93 m (6'4") und ein Körpergewicht zwischen 50 kg (110 lbs.) und 100 kg (223 lbs.) haben;
- sich einen einteiligen Fliegeranzug mit Reißverschluss anziehen können;
- den *New Shepard*-Startturm mit sieben Treppen (insgesamt 112 Stufen) in weniger als 90 Sekunden ersteigen können;

- schnell über unebene Oberflächen wie eine Rampe oder ein Deck mit gelegentlichen Stufen gehen können;
- den eigenen Sicherheitsgurt in weniger als 15 Sekunden an- und abschnallen können, was ungefähr so schwierig ist wie das Anschnallen des Sicherheitsgurts im Dunkeln in einem unbekannten Auto;
- 40 Minuten lang, bei einer langen Startverzögerung jedoch bis zu 90 Minuten lang, festgeschnallt in dem Liegesitz der Kapsel liegen können, ohne aufzustehen und ohne Zugang zu einer Toilette.

- Während des Aufstiegs wird man bis zum Dreifachen des normalen Gewichts (3 g) über bis zu zwei Minuten in den Sitz gedrückt;
- während des Abstiegs in die Atmosphäre wird man für einige Sekunden mit bis zum 5,5-Fachen des Normalgewichts (5,5 g) in seinen Sitz gedrückt.

Ich denke, 112 Stufen in 90 Sekunden, also rund eine Stufe pro Sekunde, sollten selbst einigermaßen gesunde 100-Jährige schaffen.

Interessanterweise sind die letzten beiden Punkte mit den g-Kräften, die nicht als Anforderung ausgedrückt sind, sondern nur als Beschreibung, was man als Passagier erfährt. Daraus schließe ich, dass die genannten g-Kräfte vor dem Flug in einer Zentrifuge getestet werden (siehe S. 66). Der Sinn einer jeden Zentrifugenfahrt ist es, abzuklären, ob unter dem Einfluss der g-Kräfte bei Start und Landung der Kreislauf stabil bleibt oder doch kollabiert.

Bei Weitem nicht so ausführlich steht in der Webbroschüre von Richard Bransons Virgin Galactic:

»Das Absolvieren eines herkömmlichen Fitnesstests ist nicht erforderlich, aber der Flug ist ein relativ intensives sinnliches und körperliches Erlebnis. Wenn Sie körperlich gesund sind und das von einem Arzt abgeklärt ist, sollten Sie sowohl Ihr Training als auch Ihren Weltraumflug genießen können. Wie bei vielen Dingen im Leben ist es jedoch wahrscheinlich, dass Sie Ihre Erfahrung verbessern, wenn Sie in der bestmöglichen Form sind, und wir helfen Ihnen dabei, dies in unserem *Flight Readiness*-Programm zu erreichen.«

Die wirkliche Aussage des schwammig formulierten Textes (»... körperlich gesund sind und das von einem Arzt abgeklärt ist«) lautet wohl:

»Die Entscheidung, ob Sie flugfähig sind, trifft unser Arzt.« Aber ich bin mir sicher, dass dabei ähnliche konkrete Anforderungen gelten wie bei Blue Origin und dass der Zentrifugentest zur Stabilität des Kreislaufs ein wesentlicher Test dabei ist. Als kleine Frechheit mag man den Zusatz verstehen: »… und wir helfen Ihnen dabei, [Ihre bestmögliche Form] in unserem *Flight Readiness*-Programm zu erreichen«. Dahinter steckt die Aufforderung: Registrieren Sie sich doch erst einmal und machen Sie die 150 000-Dollar-Anzahlung (Details dazu siehe S. 118). Wenn Sie dann beim Arzt oder Zentrifugentest durchfallen, bieten wir Ihnen ein Fitnessprogramm an (gegen unbekannte Kosten), das wir Ihnen sowieso empfehlen. Dann sehen wir mal weiter.«

Flugvorbereitendes Training Über das flugvorbereitende Training bleiben sowohl Blue Origin wie auch Virgin Galactic auf ihren Websites zunächst vage.

Blue Origin gab für die oben genannte Sitzversteigerung an:
»Blue Origin stellt dem Astronauten eine Einweisung und Schulung zur Verfügung, die Blue Origin nach eigenem Ermessen festlegt und die für die Teilnahme des Astronauten an dem Flug erforderlich sind. Die Einarbeitung und Schulung kann in den Einrichtungen von Blue Origin in Kent, Washington, in Culberson County, Texas, oder an einem anderen Ort erfolgen, den Blue Origin für geeignet hält.«

Darüber hinaus gibt Blue Origin auf seiner Website an, das Training für seine Flüge dauere nur einen Tag. Außerdem: »Am Tag vor dem Start lernen Sie alles, was Sie wissen müssen, um das Beste aus Ihrer Erfahrung als Astronaut zu machen.« Das Training »umfasst Missions- und Fahrzeugübersichten, eingehende Sicherheitsbriefings, Missionssimulationen und Anweisungen zu Ihren Flugaktivitäten wie Betriebsverfahren, Kommunikation und Manövrieren in einer schwerelosen Umgebung.«

Beim Training erfahren Sie alles, von der Vorbereitung auf die Schwerelosigkeit über G-Force-Bereitschaft und Notfallverfahren bis hin zur sensorischen Sättigung und mehr

In der Werbebroschüre von Virgin Galactic steht dazu:

»Das Ziel des Vorbereitungsplans besteht darin, sich als Team zusammenzuschließen und zusammenzuarbeiten, das vollständig vorbereitet ist, um sich während des Weltraumfluges zu amüsieren. Das Training wird zusammen mit Ihren Astronautenkollegen absolviert, wo Sie alles erfahren, von der Vorbereitung auf die Schwerelosigkeit über G-Force-Bereitschaft und Notfallverfahren bis hin zur sensorischen Sättigung und mehr. Unter der Leitung von weltraumerfahrenen Instruktoren machen Sie sich mit unserer Kabine vertraut und erfahren alles, was Sie über den Flugweg und die Erfahrung von Virgin Galactic wissen müssen. Als Teil des Flugteams von Virgin Galactic können Sie Zeit mit Personen des Missionsbetriebs, Piloten, Ingenieuren und anderen verbringen. Diese Vorbereitung wird mit Zeit zum Nachdenken und Entspannen mit Ihren

Sensorische Sättigung

Mit »sensory saturation« umschreibt Virgin Galactic schönfärberisch die mögliche Übelkeit durch Irritation des Gleichgewichtsorgans bei hohen g-Kräften und bei Schwerelosigkeit.

Lieben und der Crew auf dem Astronautencampus ausgeglichen.«

Die hier von Richard Bransons Unternehmen genannten Maßnahmen zur Vorbereitung auf Notfälle ist von der FAA vorgeschrieben, und wird auch von Jeff Bezos' Blue Origin genauso gemacht.

An anderer Stelle heißt es bei Virgin Galactic, dass das Training voraussichtlich drei Tage am *Spaceport America* in New Mexico dauern wird, wo die Passagiere …

»einen maßgeschneiderten medizinischen Screening- und Flugvorbereitungsprozess durchlaufen werden, einschließlich Schulungen zur Verwendung von Kommunikationssystemen, Flugprotokollen, Notfallverfahren und G-Force-Training«. Sie werden lernen, »ihre Sitze zu verlassen und die Schwerelosigkeit zu erleben, in der Kabine zu schweben und sich an einem der vielen Fenster an den Seiten und am Dach der Kabine zu positionieren.«

Eine intensive Trainingswoche sollte ausreichen, um die genannten Schulungen durchzuführen. Bereits auf *New Shepard* geflogene Passagiere bestätigten, dass das gesamte Vorbereitungstraining etwa eine Woche dauere.

Tipps für den Flug Nehmen Sie sich viel Zeit, um vorher genau zu planen, wie Sie die rund fünf Minuten in der Schwerelosigkeit verbringen möchten. Überlegen Sie, ob Sie für Angehörige oder Freunde ein Erinnerungsstück, etwa ein Familienfoto oder einen Vereinswimpel, mitnehmen und dort ein lustiges Foto davon mit Ihnen selbst schießen möchten.

Entscheiden Sie im Voraus, ob Sie in der Schwerelosigkeit die beliebten Überschläge und Drehungen machen wollen. Solche Späße, von Raumfahrtveteranen gerne als »dumme Astronautentricks« bezeichnet, sollten Sie besser in den Schwerelosigkeitsphasen von Parabelflügen machen, die wesentlich kostengünstiger und überhaupt eine gute Vorbereitung auf Raumflüge sind. Bei suborbitalen Flügen zählt jede Sekunde. Daher sollten Sie die meiste Zeit für das Wichtigste einplanen: aus dem Fenster schauen, die Eindrücke aufsaugen und sie sich einprägen. Dieses befreiende Gefühl der Schwerelosigkeit zusammen mit dem erhabenen Blick auf die Erde unter einem ist wirklich einmalig. Man wird es ein Leben lang in freudiger Erinnerung und mit einem leisen Schmunzeln im Gesicht mit sich herumtragen.

Tipp

Verschwenden Sie nicht zu viel Zeit mit dem Schießen von Fotos, der Fluganbieter wird Ihnen im Nachhinein sowieso bessere Bilder mitgeben.

Sollten Sie auf dem Flug viele Bilder machen? Ich neige dazu, Ihnen davon abzuraten. Natürlich sind eine Handvoll Bilder von dort oben eine schöne Erinnerung an den Flug. Aber vergeuden Sie nicht die kostbare Zeit durch einen ständigen Blick auf Ihr Smartphone-Display. Nachdem ich als Zuschauer bei einem Shuttle-Start im Kennedy Space Center am laufenden Band Bilder gemacht hatte und das Shuttle nach drei Minuten den Blicken entschwand, fragte ich mich, was ich denn nun von dem Start miterlebt hatte. Bilder und Videos aus 100 Kilometern Höhe wird es in Zukunft zuhauf geben, und ich bin mir sicher, solche wird Ihnen der Fluganbieter nach dem Flug sowieso mitgeben. Saugen Sie also lieber die körperlichen und optischen Erlebnisse in sich

Dieses befreiende Gefühl der Schwerelosigkeit zusammen mit dem erhabenen Blick auf die Erde wird Ihnen ein Leben lang in Erinnerung bleiben.

ein und schließen Sie vielleicht zwischendurch kurz die Augen, um sich das alles genau einzuprägen. Diese erlebten Erinnerungen sind später weit kostbarer als die Bilder auf Ihrem Smartphone.

Suborbital mit Richard Branson

Heutzutage hat man die Wahl zwischen zwei Anbietern von suborbitalen Flügen. Sie beide fliegen parabelförmig knapp über 100 Kilometer Gipfelhöhe, das aber auf sehr unterschiedliche Weise.

Richard Branson ist ein britischer Selfmademan, der heute in den USA lebt. Er begann in den 1970er-Jahren Schallplatten zu produzieren und nannte seine Schallplattenfirma Virgin (heute Virgin Records). Später weitete er seine Aktivitäten auf sehr unterschiedliche Bereiche aus. Er gründete unter dem Dach der Virgin Group unter anderem die Fluggesellschaften Virgin Atlantic und Virgin Australia, das Online-Casino Virgin Games und die britische Bank Virgin Money; insgesamt einige zig Unternehmen, von denen viele wieder eingingen (Virgin Cola, Virgin Cars) oder übernommen wurden. Wie auch immer, damit machte und macht er immer noch viel Geld. Sein Vermögen wird auf vier bis fünf Milliarden US-Dollar geschätzt.

Einen nicht geringen Teil davon steckte er in seine inzwischen wohl bekannteste Firma Virgin Galactic, die zahlende Personen in den Weltraum befördern soll. Damit hat er bis heute keinen Gewinn gemacht, weil die Investitionen in den Aufbau und Betrieb von Virgin Galactic sehr hoch waren und immer noch sind. Die Situation ähnelt der von Jeff Bezos' Erfolgsunternehmen Amazon in den Anfangsjahren: Dieses machte über viele Jahre hohe Verluste, nur um schließlich Marktführer im Online-Versandhandel zu werden. Seit 2015 zahlt sich das aus – Amazon macht extrem hohe Gewinne und Jeff Bezos ist heute der reichste Mann der Welt.

Damit kommen wir zum wichtigsten Gesichtspunkt von Weltraumreiseanbietern. Die Beförderung von Menschen ins All ist sehr, sehr teuer, weil man dafür Technologien entwickeln muss, die an die Grenzen des Möglichen gehen. Das benötigt sehr hohe Erstinvestitionsmittel, typischerweise eine Milliarde US-Dollar, die sich nur risikofreudige Mehrfachmilliardäre leisten können. Daher gibt es – und so wird es wohl auch lange Zeit bleiben – nur drei Milliardäre als private Raumfluganbieter, nämlich Richard Branson, Jeff Bezos und Elon Musk.

Bransons Fluggerät Eine gute Wahl des Raumfahrtsystems ist für den kommerziellen Erfolg von entscheidender Bedeutung. Branson ist ein begeisterter Flugzeugpilot. Daher entschied er sich für ein zweistufiges Flugzeug, das bis in den Weltraum fliegen kann. Die erste Stufe ist ein Trägerflugzeug mit zwei Rümpfen, die über eine Flügelseite miteinander verbunden sind. In der Mitte der Verbindung hängt die zweite Stufe, das eigentliche suborbitale Raumfahrzeug, ebenfalls mit Flügeln, die jedoch nur für den Wiedereintritt gebraucht werden.

Und die Entwicklung braucht viel Zeit – sehr viel Zeit. Wie so oft, weit mehr Zeit, als man vorher glaubt. Branson begann im Jahre 2004 und nahm im Jahre 2009 an, den kommerziellen Betrieb 2011 aufnehmen zu können. Daraus wurde nichts. Wegen vieler technischer Probleme,

Virgin Records

Die Älteren erinnern sich noch an den Schriftzug »Virgin« auf den Labels der Platten von Mike Oldfield (mit dem Branson sein erstes großes Geld machte), David Bowie, Eurythmics oder George Michael.

Eine gute Wahl des Raumfahrtsystems ist für den kommerziellen Erfolg von entscheidender Bedeutung.

insbesondere mit dem Antrieb der zweiten Stufe im Jahre 2014, den er deswegen komplett ändern musste, wurden die Flüge auf unbestimmte Zeit verschoben. Mit dem neuen Antrieb stürzte der stark überarbeitete Flieger am 31. Oktober 2014 bei einem Testflug ab, wobei einer der beiden Piloten ums Leben kam – ein weltweit beachteter, herber Rückschlag. Erst im Dezember 2018 gelang ihm ein erfolgreicher Flug auf 83 Kilometer Gipfelhöhe und somit nach US-Maßstäben in den Weltraum (jedoch nicht nach internationalen Maßstäben, siehe dazu S. 88 »Wer ist ein Astronaut?«). Am 11. Juli 2021 flog er erstmals mit vier Mitarbeitern (zwei Frauen, zwei Männer) von Virgin Galactic erfolgreich auf 86 Kilometer Gipfelhöhe, war aber auch damit nicht wirklich im Weltraum. Der nächste Flug, mit zahlenden Passagieren der italienischen Luftwaffe, war für Oktober 2022 geplant, wurde aber wegen technischer Nachrüstung auf ein noch unbekanntes Datum im Jahre 2023 verschoben.

Das aktuelle Trägerflugzeug (generischer Begriff *Virgin MotherShip*, VMS) trägt den Namen *White Knight Two* (offizielle Bezeichnung *VMS*

Eve) und der aktuelle suborbitale Flieger (generisch *Virgin SpaceShip*, VSS) heißt *SpaceShipTwo* (offiziell *VSS Unity*). In Zukunft soll auch das Nachfolgemodell *SpaceShip III* (offiziell *VSS Imagine*) für kommerzielle Flüge eingesetzt werden. Beide Modelle können acht Personen ins All befördern, darunter die zwei Piloten.

Wie teuer ist ein Flugticket? Wie allgemein üblich, halten sich Anbieter bei Preisangaben vornehm zurück. Gerne stellen sie zunächst die Besonderheiten heraus. So auch Richard Branson: Auf seiner Website wirbt er für seine Flüge mit »A cognitive transformation« und »Find your space in history!«, und die Schaltfläche »Fly with us – Book your flight« ist markant auf jeder Seite oben rechts zu finden. Nur wenn man wissen will, wie teuer der Flug ist, muss man etwas kramen.

Ich erinnere mich, als Branson erstmals im Jahre 2010 (da wollte er 2011 den kommerziellen Flugbetrieb aufnehmen) Flugtickets für 200 000 US-Dollar anbot, mit einer nicht rückerstattungsfähigen Anzahlung von 20 000 US-Dollar. Angeblich konnte er bis Ende 2013 immerhin 700 Stück verkaufen. Geflogen ist von denen bisher aber kein Einziger. Man braucht bei Richard Branson also einen ziemlich langen Atem. Machen wir dazu eine Überschlagsrechnung: Nehmen wir optimistischerweise an, Virgin Galactic macht ab Mitte 2023 einen Flug pro Monat – wovon das Unternehmen noch sehr weit entfernt ist –, und ab Mitte 2024 einen Flug pro Woche mit jeweils sechs Passagieren. Dann hätte er erst nach drei Jahren, also Mitte 2026, diesen alten Auftragsbestand abgearbeitet. Natürlich gilt das nur unter der Annahme, dass in den dann vergangenen 13 Jahren von denen keiner verstorben ist.

Aber seitdem haben sich weitere Menschen angemeldet, und weil die Nachfrage scheinbar hoch ist, hat das Unternehmen auch seine Preise erhöht. Nach dem ersten erfolgreichen Flug ohne Passagiere im Dezember 2018 stieg der Flugpreis auf 250 000 US-Dollar. Es war zu erwarten, dass nach dem ersten erfolgreichen Passagierflug am 11. Juli 2021 der Preis nochmals steigen würde. Auf seiner Website ist davon zwar nichts zu finden, aber auf der letzten Informationsseite der herunterladbaren Webbroschüre steht: »Erste Zahlung (*initial deposit*) 150 000 US-Dollar, davon 125 000 US-Dollar rückzahlbar«, jedoch ohne Angabe der Bedingungen für eine Rückzahlung. Die restlichen 25 000 US-Dollar sind angeblich nicht rückzahlbar, weil zahlende Bewerber damit als Mitglied in die »Future Astronaut community« von Virgin Galactic aufgenommen werden – ob sie wollen oder nicht. Deren »lifetime benefits« sind einige Seiten zuvor aufgelistet, darunter: »Erhalten Sie exklusiven Zugang zu einzigartigen Events, Erlebnissen, Aktivitäten und Mitgliedschaftsvorteilen, die man mit Geld nicht kaufen kann.« Wie diese Vorteile genau aussehen sollen, wird nicht erläutert. Und zu guter Letzt: Mit einer zweiten Zahlung über 300 000 US-Dollar betragen die Gesamtkosten für einen Flug 450 000 US-Dollar. Na also, endlich ist es raus.

Erstaunlicherweise findet man in der Broschüre etwas weiter oben unter den FAQ eine Antwort zu der Frage »Wann werde ich fliegen?« Der zentrale Teil der etwas länglichen Antwort lautet: »Die Nachfrage nach unseren Raumflügen ist hoch, und wir werden unsere zukünftigen Astronauten in der Reihenfolge fliegen, die den Zeitpunkt ihrer Reservierungen widerspiegelt – *first come, first served*. Mit mehreren Hundert Kunden, die bereits auf der Warteliste stehen, erwarten wir, die Flugraten in den ersten Jahren des kommerziellen Betriebs schnell zu erhöhen, ohne die Sicherheit oder Erfahrung zu opfern. Wir möchten, dass Sie den Weltraum so früh wie möglich erleben, und werden hart daran arbeiten, dies zu erreichen.« Ich denke, mit meinen obigen Überlegungen sollte man sich auf eine Wartezeit von mindestens fünf Jahren einstellen.

Future Astronaut Community

Noch (Stand Januar 2023) gibt es keine einzige geflogene zahlende Person in diesem Club, denn die bisher einzigen Mitflieger waren nichtzahlende Mitarbeiter von Virgin Galactic.

So läuft ein Flug ab Der Startplatz ist *Spaceport America* im US-Bundesstaat New Mexico. Man nimmt als einer von sechs Passagieren im Raumfahrzeug *SpaceShipTwo* Platz. Jeder Sitz befindet direkt an einem der sechs kreisrunden Fenster mit etwa 40 Zentimetern Durchmesser. Pilot und Co-Pilot sitzen nur wenige Meter vor einem. Das Trägerflugzeug *White Knight Two* bringt das Raumfahrzeug auf rund zwölf Kilometer Höhe und klinkt es dort aus. Dieses sackt kurz ab und zündet dann seinen Raketenantrieb.

Das Fahrzeug beschleunigt innerhalb von 30 Sekunden auf eine Geschwindigkeit von 3 Mach, danach noch weitere 40 Sekunden. Dabei steigt mit abnehmenden Treibstoffgewicht die g-Kraft von anfangs etwa 2,5 g auf am Ende 3,8 g. In etwa 60 Kilometern Höhe wird der Antrieb abgeschaltet, die Passagiere können sich losschnallen und es beginnt eine vierminütige parabelförmige Freiflugphase mit absoluter Schwerelosigkeit. Dabei erreicht das Fahrzeug eine Gipfelhöhe von etwa 110 Kilometern Höhe und fällt danach, weiterhin im Freiflug, wieder zurück Richtung Erde.

Nach diesen vier Minuten setzt die Bremsverzögerung, bedingt durch den zunehmenden Luftwiderstand, ein, zunächst nur geringfügig, dann aber zunehmend stärker. In dieser Flugphase befindet sich der Flieger in der

g-Kraft ★

Mit 1 g (g wie Gravitation) bezeichnet man die Erdanziehungskraft hier auf der Erde. 3 g wäre zum Beispiel das Dreifache davon.

Das Raumfahrzeug mit dem Schriftzug »Virgin« aufgehängt an der Unterseite des Trägerflugzeugs zwischen dessen zwei Rümpfen

In etwa 60 Kilometern Höhe können Sie sich losschnallen und es beginnt eine vierminütige parabelförmige Freiflugphase mit absoluter Schwerelosigkeit.

sogenannten Federkonfiguration (*feather configuration*), einem aerodynamisch gedämpften Sinkflug, der durch Anstellen der zwei Leitwerksträger einschließlich der Leitwerke um 90 Grad nach oben gegen den anströmenden Wind bewirkt wird. Während dieser Wiedereintrittsphase erfahren die Passagiere eine g-Kraft von typischerweise bis zu 5 g, maximal 6 g. Weil die Passagiere in nun gedrehten Sitzen liegen, ist die Einwirkung dieser Kräfte auf den Körper aber nicht so stark wie gewöhnlich im Sitzen. Danach nimmt die Bremsverzögerung schnell wieder ab. In einer Höhe von 16 700 Metern werden die Leitwerksträger wieder zurückgedreht und das Flugzeug geht in einen aerodynamischen Gleitflug über. Es landet

Richard Branson in der Schwerelosigkeit in seinem suborbitalen Flieger SpaceShipTwo am 11. Juli 2021

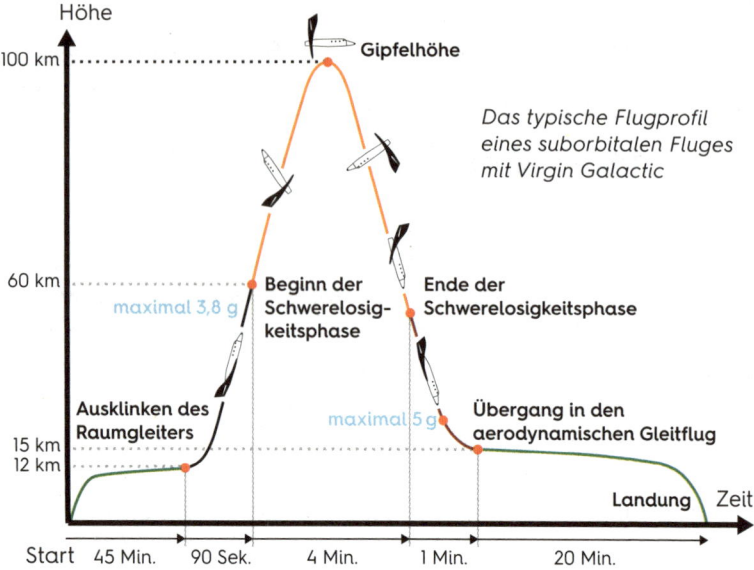

Das typische Flugprofil eines suborbitalen Fluges mit Virgin Galactic

ungefähr 25 Minuten nach dem Ausklinken vom Mutterschiff und insgesamt 70 Minuten nach dem Start wieder auf dem *Spaceport America*.

Suborbital mit Jeff Bezos

Jeff Bezos, den Begründer von Amazon und reichsten Mann der Welt, braucht man wohl nicht vorzustellen. Anders als Richard Branson ist für ihn die Investition von etwa ein bis zwei Milliarden US-Dollar in den Aufbau seines Raumfahrtunternehmens Blue Origin und der Bau seiner Raketen ein Klacks. Auf die Frage, warum er sich in diese risikoreiche Aktivität stürze, antwortete er in einem Interview im Oktober 2016 vor laufender Kamera: »Unsere Vision ist, dass Millionen Menschen im Weltraum leben und arbeiten. [...] Wir wollen die Kosten für den Weg ins All drastisch senken.« Und er schloss daran an, als er Amazon gründete, brauchte er nicht Infrastrukturen wie Internet, Frachtverkehr und Zahlungssysteme aufbauen, von denen er heute profitiert. Genauso möchte er heute mit einem günstigen Zugang zum Weltraum die Grundlage für spätere Generation schaffen, die darauf neue Geschäftsmodell aufbauen können. Am 5. Juli 2021 trat Bezos als Geschäftsführer und Präsident von Amazon zurück, um sich, so seine Worte, voll seinem philanthropischen Lebensziel, nämlich dem Aufbau seiner Raumfahrtfirma Blue Origin, widmen zu können.

Und er hat einen langfristigen Plan, um Raumfahrt zu betreiben. Dieser sieht vor, irgendwann Menschen für touristische Zwecke auch in den Erdorbit zu bringen. Dazu ist er eine strategische Partnerschaft mit der Firma Sierra Space und einigen anderen Raumfahrtunternehmen eingegangen, die das orbitale Weltraumhotel *Orbital Reef* bauen wollen (mehr dazu ab S. 200). Flüge dorthin kann man nur mit Raketen durchführen. Dazu geht er in aufeinander aufbauenden Phasen vor, die einen historischen Hintergrund haben: Er begann mit seiner suborbitalen Rakete *New Shepard*, welche nach dem ersten Amerikaner im Weltraum – Alan Shepard – benannt wurde (siehe Kapitel 1, S. 46). Der nächste Schritt der NASA damals war, John Glenn in einen kreisförmigen Orbit zu befördern. Das will Bezos langfristig auch, und daher begann er im Jahre 2012 mit der Entwicklung seiner orbitalen Rakete – folgerichtig trägt sie den Namen *New Glenn*. Die offizielle Aussage von Blue Origin zum Erstflug lautet: »Wir werden fliegen, sobald wir bereit sind.«

Überhaupt muss man wissen, dass vieles bei Jeff Bezos eine symbolische Bedeutung hat. Das Logo von Blue Origin ist in Blau gehalten und er hat nach eigener Aussage sein Unternehmen »Blue« genannt, weil die Erde aus dem All vor allem blau-weiß aussieht. Immerhin sind 71 Prozent der Erde mit Meeren bedeckt und etwa 60 Prozent mit weißen Wolken und dem Eis der Pole. Der Name »Blue Origin« soll bedeuten: Die blaue Erde als Ausgangspunkt menschlicher Raumfahrtaktivitäten. An anderer Stelle wies er darauf hin, dass Blue Origin auch eine umweltfreundliche Technik anstrebe – eine weitere Bedeutung von »Blue«. Daher benutze er nicht wie Elon Musk in seiner *Falcon 9*-Rakete Kerosin als Treibstoff, sondern flüssigen Wasserstoff H_2 und Sauerstoff O_2, die bei der Verbrennung bekanntlich reines Wasser H_2O ergeben.

Das Logo von Blue Origin

Das Logo, das auf jeder Rakete zu sehen ist, trägt den blauen Schriftzug Blue Origin zusammen mit einer Vogelfeder.

Bezos Fluggerät Seinem Leitspruch »Langsam, aber sicher« folgend, ist Jeff Bezos' Vorgehensweise konservativ. Seine suborbitale Rakete

Jeff Bezos, der Gründer vor Blue Origin, ist ein großer Freund von Symbolik. Wenn man genau hinschaut, entdeckt man Symbole überall. Zur Feder im Firmenlogo als zentrales Symbol des Unternehmens sagte Bezos einmal: »Es ist ein Symbol für die Perfektion des Fliegens. Seit Tausenden von Jahren schauen wir Menschen zu den Vögeln hinauf und fragen uns, wie es wäre, zu fliegen. Ich denke, es ist repräsentativ für Freiheit und Erforschung und Mobilität und Fortschritt.«

Ebenso symbolträchtig ist sein Wappen: Zuunterst fallen die lateinischen Worte »Gradatim Ferociter« auf, die frei übersetzt »Schritt für Schritt, das aber mit wilder Entschlossenheit« bedeuten. Eingefasst vom Text sieht man eine geflügelte Sanduhr. Dieses viktorianische Friedhofssymbol steht für die verfliegende Zeit – „Wir haben nicht ewig Zeit".

Offenbar liebt Bezos besonders das Symbol der Schildkröte, welches ebenfalls im Wappen zu sehen ist. Bezos bezieht sich damit auf die Lehre aus der Fabel vom Hasen und der Schildkröte: »Das Langsame, aber Stetige gewinnt das Rennen.« Aber Bezos gibt der Geschichte auch eine andere Wendung: »Langsam ist konstant gleichmäßig und das ist letztlich schnell.« Damit stichelt er gegen seinen Konkurrenten Richard Branson, der angeblich aggressive Zeitpläne vorgibt, sie aber am Ende nicht einhält, so wie der Hase in der Fabel. Nach jedem erfolgreichen New Shepard-Flug malte das Team von Blue Origin deshalb auf den ersten sieben Flügen eine Schildkröte auf die Luke der Kapsel, was sie seitdem unterlässt.

Das Wappen von Blue Origin mit viel Symbolik

GRADATIM FEROCITER

In der Kapsel kehren Sie nach Ihrem Parabelflug zurück zur Erde und landen einige Kilometer vom Startplatz entfernt in der Steppe von Texas

New Shepard ist einstufig und benutzt wie gesagt Wasserstoff H_2 und Sauerstoff O_2 als Treibstoff. Das ist zudem hocheffektiv, denn diese Kombination bietet höchsten Schub pro Kilogramm Treibstoffmasse. Andererseits hat dieser Treibstoff eine Lagertemperatur von $-250\,°C$ und ist bei diesen Mengen und Temperaturen schwer handhabbar. Die Technik ist seit den 1960er-Jahren wohlbekannt und inzwischen ausgereift, aber bekanntlich auch nicht ganz ungefährlich.

Wie bei allen Raketen, befindet sich die Kapsel mit maximal sechs Passagieren an der Spitze der Rakete und verfügt über ein Notfallabbruchsystem (*Launch Espace System*).

Sollte beim Start oder beim Aufstieg irgendetwas nicht stimmen, zündet auf der Unterseite der Kapsel ein eingebauter Feststoffantrieb (der sogenannte *Crew Capsule Escape Solid Rocket Motor*, CCE-SRM) und befördert die Kapsel schnell in größere Höhen, weg von der Gefahrenquelle. Selbst wenn die Rakete darunter explodieren sollte, würde man also in Sicherheit gebracht. Die Rakete ist wiederverwendbar. Genauso wie Elon Musks Unterstufe der *Falcon 9*-Rakete, fliegt sie zurück zur Erde und landet kontrolliert acht Kilometer entfernt vom Startplatz. Die Kapsel kehrt nach ihrem Parabelflug mit Fallschirmen zurück zur Erde und landet einige Kilometer vom Startplatz entfernt in der Steppe von Texas.

Bezos begann mit der Entwicklung der Rakete bereits im Jahre 2006, aber erste Testflüge absolvierte sie erst im Jahre 2015. Von den 15 Testflügen bis Mitte 2021 erreichten alle wie geplant den Weltraum, flogen also über 100 Kilometer Höhe. Nur der erste war nicht ganz erfolgreich, die Unterstufe zerbrach bei der Landung auf dem Startplatz. Bis Ende 2022 wurden sechs bemannte Flüge mit insgesamt 32 Passagieren ohne jegliche Probleme ins All gebracht. Am 12. September 2022 ereignete sich jedoch bei einem unbemannten Flug ein größeres Problem: Der Antrieb der Rakete versagte beim Aufstieg in etwa zehn Kilometern Höhe, die genaue Ursache dafür ist bisher nicht bekannt. Daraufhin löste das Notrettungssystem

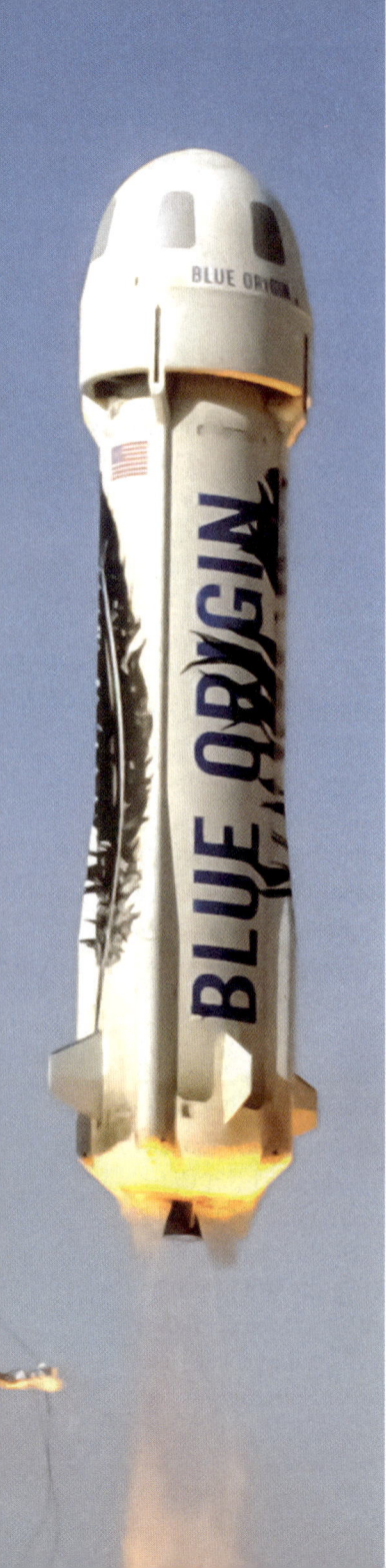

CCE-SRM aus und brachte die Kapsel mit 36 Experimenten von der NASA und Universitäten wohlbehalten auf die Erde zurück. Seitdem ist *New Shepard* von der FAA mit einem Startverbot belegt, bis die genaue Ursache für das Versagen des Antriebs herausgefunden und beseitigt ist.

Wie teuer ist ein Flugticket? Die Preis- und Zuteilungsstrategie von Blue Origin ist vollkommen anders als bei Virgin Galactic. Für den ersten Touristenflug im Juli 2021 versteigerte Blue Origins einen freien Sitz, den Justin Sun, Botschafter und Ständiger Vertreter Grenadas bei der Welthandelsorganisation WTO und Gründer von TRON, für 28 Millionen US-Dollar ergatterte. Der hatte jedoch später nicht näher bezeichnete Terminkonflikte. Statt seiner flog der damals 18-jährige holländische Student Oliver Daemen, dessen Vater den Flugpreis bezahlte. Wie es auf der Website heißt, wurde das Preisgeld der Blue Origin Stiftung *Club for the Future* gespendet, »deren Mission es ist, zukünftige Generationen zu inspirieren, Karrieren im MINT-Bereich zu verfolgen und dabei zu helfen, die Zukunft des Lebens im Weltraum zu erfinden.«
Anders als Virgin Galactic, deren Flugpreis von 450 000 US-Dollar in der Werbebro-

Eine startende New Shepard-*Rakete mit Blue Origin-Logo und schwarzer Feder. An der Spitze die halbkugelförmige Kapsel mit den großen Fenstern für Passagiere.*

schüre angegeben ist, hat Blue Origin seinen Sitzplatzpreis nicht öffentlich bekannt gegeben, was bedeutet, dass Blue Origin sich die Freiheit nimmt, den Preis von Mal zu Mal neu zu verhandeln. Nach dem ersten Flug mit Besatzung im Juli 2021 sagte Bezos, Blue Origin hätte so viele Anfragen, dass sie zusammen fast 100 Millionen US-Dollar ausmachten. Die Situation scheint mir wie bei den sehr exklusiven Modegeschäften in großen Weltstädten, die ihre edlen Objekte in Schaufenstern minimalistisch und ohne irgendwelche Preisangaben ausstellen. Die betuchten Kunden kommen auch so ins Geschäft.

So läuft ein Flug ab Der Startplatz befindet sich in der westlichsten Ecke des US-Bundesstaates Texas, 190 Kilometer westlich von El Paso und 40 Kilometer nördlich der Stadt Van Horn (Koordinaten: 31 452°N, -104 763°W). Die Rakete New Shepard steht senkrecht auf der Startrampe. Über die Treppe mit den 112 Stufen gelangt man zur Kapsel an der Spitze. Jeder der sechs Passagiere hat einen Sitz direkt an einem eigenen riesigen Fenster mit den Abmessungen 0,7 × 1 Meter; in der Mitte der geräumigen Kapsel befindet sich ein zentraler Tisch mit Haltegriff.
Beim Start der Rakete ist die g-Kraft mit knapp über 1 g noch relativ gering, steigt aber anfangs langsam und später stärker an und beträgt nach zwei Minuten und 20 Sekunden 2,8 g. Dann wird in einer Höhe von etwa 60 Kilometern der Antrieb abgeschaltet. Etwa zehn Sekunden später trennt sich die Kapsel von der Raketenstufe und fliegt antriebslos wie ein geworfener Stein parabelförmig auf eine Gipfelhöhe von rund 110 Kilometern Höhe. In dieser Zeit der Schwerelosigkeit kann man sich abschnallen und ans Fenster schweben.
Nachdem man den höchsten Punkt erreicht hat, fällt die Kapsel im freien Fall zurück Richtung Erde. Nach ziemlich genau dreieinhalb Minuten Schwerelosigkeit setzt die Bremsverzögerung zunächst sachte ein,

Bei über 3 Mach Fallgeschwindigkeit werden sogenannte drogue chutes entfaltet, was einen deutlichen kurzen Schlag von 9 g auf die Kapsel gibt … der wohl erschreckendste Moment des Fluges, aber absolut harmlos.

Die Passagiere Jeff Bezos, Mark Bezos und die 82-jährige Wally Funk (von rechts nach links) vor ihrer gelandeten Rakete New Shepard am 20. Juli 2021.

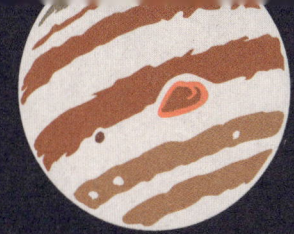

Was es mit der Schiffsglocke auf sich hat

Jeff Bezos inszeniert das Betreten seiner Kapsel, wie man es bis heute beim Betreten hochrangiger Personen von Schiffen der US Royal Navy kennt. Nachdem die Besatzung den Startturm über sieben Treppenabsätze (siehe links) zu Fuß erklommen hat, müssen alle Mitreisenden vor dem Einsteigen eine aufgehängte Schiffsglocke läuten – es handelt sich dabei um eine der vielen Symboliken von Bezos.

William Shatner, einer der Passagiere des Fluges am 13. Oktober 2021, läutet vor dem Betreten der Flugkapsel die Schiffsglocke.

Zwei schwebende Passagiere in der Kapsel von Blue Origin, Jeder Mitflieger hat sein eigenes Fenster für einen ungestörten Ausblick

erreicht aber nach nur 40 Sekunden 5 g. Nach weiteren 20 Sekunden geht sie aber auf 1,5 g zurück, um dann langsam auf die üblichen 1 g abzufallen. Genau acht Minuten nach dem Start werden bei über 3 Mach Fallgeschwindigkeit zunächst kleine Hochgeschwindigkeits-Bremsschirme (sogenannte *drogue chutes*) entfaltet, was einen deutlichen kurzen Schlag von 9 g auf die Kapsel gibt – der wohl erschreckendste Moment des Fluges, aber absolut harmlos. Acht Sekunden später entfalten die drei großen Hauptfallschirme, diesmal mit nur einem kleinen Schlag von 3 g. Nach insgesamt etwas mehr als zehn Minuten Flugzeit werden kurz über dem Erdboden Bremsraketen gezündet, die den nun folgenden Aufschlag in der Steppe von Texas auf nur 3 g abdämpfen. Der viele aufwirbelnde Staub, den man in Videos sehen kann, stammt nicht von einem harten Aufschlag, sondern von den Bremsraketen, die in Richtung Boden blasen.

In der Zwischenzeit hat die herabfallende Raketenstufe ihren Antrieb erneut gezündet, der sie auf einem kleinen Betonplatz acht Kilometer vom Startplatz entfernt sachte landen lässt.

Flugreisen

Orbitale Reisen – also Flüge in eine Erdumlaufbahn, die die Passagiere gewöhnlich zu einer Raumstation bringen, wo man sich dann mehrere

Tage bis zu drei Wochen aufhält – sind die Königsklasse unter den Weltraumreisen, sowohl was das Erlebnis als auch die Kosten betrifft.

Die Raketen für orbitale Flüge sind weit größer und aufwendiger als suborbitale Raketen, denn sie müssen die Passagiere nicht nur in den Weltraum, sondern dort auf eine Orbitgeschwindigkeit von 28 000 Kilometer pro Stunde bringen. Das geht nur mit einer mindestens zweistufigen Rakete. *New Shepard* ist, wie wir gesehen haben, nur einstufig. Von Zweistufern ist nur die Unterstufe rückführbar und wiederverwertbar. Bei der Oberstufe geht das wegen der großen Endgeschwindigkeit nicht. Sie verglüht nach Beendigung ihrer Arbeit irgendwann in der Erdatmosphäre. Auch das Raumfahrzeug ist nicht mehr nur eine Kapsel, sondern hat zusätzlich ein sogenanntes Servicemodul, dass den Passagieren ein komplettes Lebenserhaltungssystem für mehrere Tage bietet, sowie ein Antriebssystem, das das Raumfahrzeug zur Raumstation manövriert und danach wieder in die Erdatmosphäre einschießt. Der wesentlich größere Aufwand besteht also im Transport zur und von einer Raumstation, außerdem ist deren Betrieb über die Zeit des dortigen Aufent-

Das typische Flugprofil eines Fluges mit der Rakete New Shepard

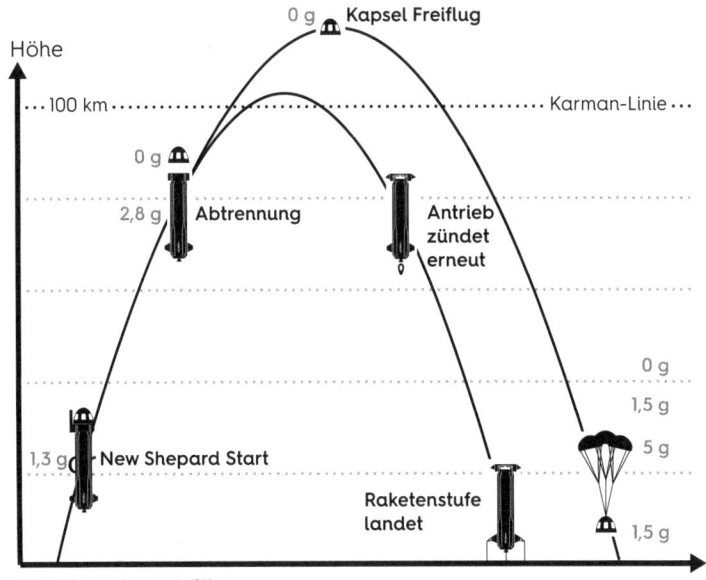

Die Raketen für orbitale Flüge sind weit größer und aufwendiger als suborbitale Raketen, denn sie müssen eine Orbitgeschwindigkeit von 28 000 Kilometer pro Stunde erreichen.

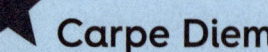

Carpe Diem

Statt nur fünf Minuten Schwerelosigkeit wie bei einem suborbitalen Flug hat man bei orbitalen Reisen nahezu beliebig Zeit, um alles in Ruhe zu genießen. Daher gibt es keine Hektik an Bord des Raumfahrzeugs und der Raumstation.

halts anteilig zu bezahlen. Um es vorweg zu sagen: Allein der Transport hin und zurück kostet zurzeit etwa 50 Millionen US-Dollar pro Person.

Was ist eine angemessene Reisezeit? Ich persönlich rate, einen orbitalen Urlaub auf maximal zwei Wochen zu begrenzen. Nach einer Woche hat man so ziemlich jeden Flecken auf der Erde einmal gesehen, leider oft mit Wolken, nach zwei Wochen jeden Flecken ohne Wolken. Außerdem sind die mitgebrachten Speicherchips in der Fotokamera dann mit Sicherheit voll, und denken Sie daran, dass man sich nach der Rückkehr Tausende Bilder anschauen und die besten für später aussortieren muss – das dauert nochmals viele Wochen.

In der Vergangenheit hatte Russland mit seiner *Sojus*-Rakete das Monopol auf touristische Flüge zur Internationalen Raumstation. Der Grund dafür ist einfach: Jede Nation kann auf ihrem Teil der Station mehr oder weniger machen, was sie will. Daher begann man in Russland bereits im Mai 2001, Weltraumtouristen auf die ISS zu fliegen. Laut US-Gesetz war dies der NASA untersagt, denn der US-Teil der ISS wurde mit Steuergeldern gebaut und war daher für private Nutzung tabu. Das änderte sich im Jahre 2019 – sozusagen nach der Amortisierung –, als die US-Regierung der NASA gestattete (tatsächlich sogar von ihr erwartete), den US-Teil auch kommerziell zu nutzen. Seitdem gibt es Flüge der *Falcon 9*-Rakete mit Touristen in der bemannten *Crew Dragon*-Kapsel zur ISS.

Der »Overview-Effekt« ist eine Erfahrung, von der einige Astronautinnen und Astronauten nach ihrer Rückkehr aus dem Weltraum berichten. Dieser visuelle Reiz des persönlichen Erlebens der Erde aus großer Distanz löst einen Zustand der Ehrfurcht aus. Die hervorstechenden Merkmale sind Wertschätzung und Wahrnehmung von Schönheit, unerwartete und sogar überwältigende Emotionen und ein gesteigertes Gefühl der Verbundenheit mit anderen Menschen und der Erde als Ganzem. Der Effekt kann Veränderungen im Selbstverständnis und Wertesystem des Beobachters bewirken und transformativ sein. Als Schlüsselmotiv wird oft das Bild »Blaue Erde« (Blue Marble) von der Apollo 17-Mission genannt. Der Begriff geht zurück auf das gleichnamige Buch von Frank White aus dem Jahr 1987, in dem viele Raumfahrende zu Wort kommen und die genannte Erfahrung beschreiben.

Die Blue-Marble-Aufnahme der Erde von Apollo 17 im Dezember 1972.

Flug über das schneebedeckte Dach der Welt – das Himalaya-Gebirge – mit dem braunen tibetischen Hochplateau rechts davon. Das Bild wurde vom Space-Shuttle im Oktober 1984 aufgenommen und zeigt den Blick Richtung Westen mit einer maximalen Sichtweite von etwa 1200 Kilometern.

Great Abaco Island in der Karibik, fotografiert von der ISS mit einer Bodenauflösung, die mit der des menschlichen Auges vergleichbar ist. In der weißen Ellipse kann man ganz schwach eine helle Straße in grüngrauer Umgebung erkennen.

Was kann man von dort oben sehen? Raumstationen fliegen üblicherweise in einer Höhe von etwa 400 Kilometern, in der sich sowohl die Internationale Raumstation als auch die Chinesische Raumstation befinden. Diese Höhe ist ein Kompromiss zwischen dem zunehmenden Treibstoffaufwand, um Personen und Versorgungsmaterial in größere Höhen zu bringen, und andererseits dem zunehmenden Restluftwiderstand in niedrigeren Höhen, weswegen man die Station öfter anheben müsste, was ebenfalls teuren Treibstoff kostet. 400 Kilometer sind auch ein guter Kompromiss, um sowohl Details der Erde zu sehen und andererseits ganze Kontinente zu überblicken – der sogenannte »Overview-Effekt«

In dieser Höhe ist der Horizont genau 2202 Kilometer entfernt. Aber genauso wie beim suborbitalen Flug (siehe S. 108) ist das praktisch belanglos. Wegen Wolken, Dunst und Bergen kann man Dinge auf der Erde nur bis zu einem Blickwinkel von 10 Grad unter dem Horizont erkennen, wo die sichtbare Entfernung auf dieser Höhe genau 1344 Kilometer in alle Richtungen beträgt. Wenn man auch hier wegen der Abdeckung einiger Bereiche durch Wolken und Berge einen kleinen Abschlag berücksichtigt, kommt man auf etwa 1200 Kilometer gute Sichtweite rundum.

Eine oft gestellte Frage ist: Welche Details kann man mit dem bloßen Auge von einer Raumstation aus erkennen? Das hängt natürlich von der Sehschärfe jeder einzelnen Person ab. Aber nehmen wir die beste menschenmögliche angulare Sehschärfe von 0,5 Bogenminuten an, dann kann man Details direkt unter einem auf der Erde von 60 × 60 Metern Ausdehnung so gerade noch erkennen. Ein wenig anders ist es, wenn man nach linienförmigen Strukturen in einer ansonsten eintönigen Umgebung auf der Erde sucht. Selbst wenn die nur 30 Meter breit sind, kann man sie aus 400 Kilometern Höhe gerade noch erkennen, also etwa die Chinesische Mauer (siehe Kapitel 2, S. 77) oder eine breite Autobahn. Mit Fernrohr oder Teleobjektiv geht es natürlich fast beliebig genauer.

Orbitales Transportgerät Zurzeit und für zumindest bis 2025 gibt es nur zwei kommerziell verfügbare bemannte Orbitalraketen ins All, die

*Wenn Sie gute Augen haben, können Sie aus
400 Kilometern Höhe gerade noch die Chinesische
Mauer oder eine breite Autobahn erkennen.*

russische *Sojus*-Rakete und Elon Musks *Falcon 9*-Rakete. In Zukunft will auch Jeff Bezos mit seiner *New Glenn* in dieser Raketenklasse mitspielen.

Solche Raketen bestehen immer aus zwei wichtigen Teilen: der Rakete selbst mit typischerweise zwei Stufen und obenauf dem Raumfahrzeug (*Crew Dragon*-, bzw. *Sojus*-Raumfahrzeug), bestehend aus der Rückkehrkapsel und bei der *Sojus* einem damit verbundenen Service- und Orbitalmodul. Das Servicemodul enthält die Lebenserhaltungssysteme und Antriebe, das Orbitalmodul ist ein angedockter kleiner Raum, der mit einer Toilette, einem kleinen Waschbecken und einer Andockstation ausgestattet ist. Alle diese Systeme sind bei der *Crew Dragon* in die bedruckte Kapsel integriert. Die in die *Dragon*-Kapsel integrierten Antriebe können im Notfall beim Start und Aufstieg die Kapsel von der Rakete

*Struktureller Aufbau des Sojus-Raumfahrzeugs mit den drei
Hauptkomponenten Orbitalmodul, Kapsel und Servicemodul*

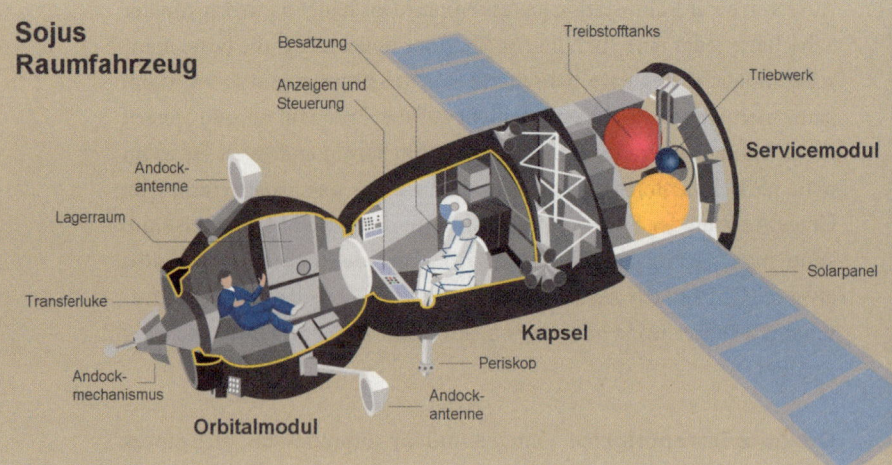

**Sojus
Raumfahrzeug**

Besatzung

Anzeigen und
Steuerung

Treibstofftanks

Triebwerk

Servicemodul

Andock-
antenne

Lagerraum

Solarpanel

Transferluke

Kapsel

Periskop

Andock-
mechanismus

Andock-
antenne

Orbitalmodul

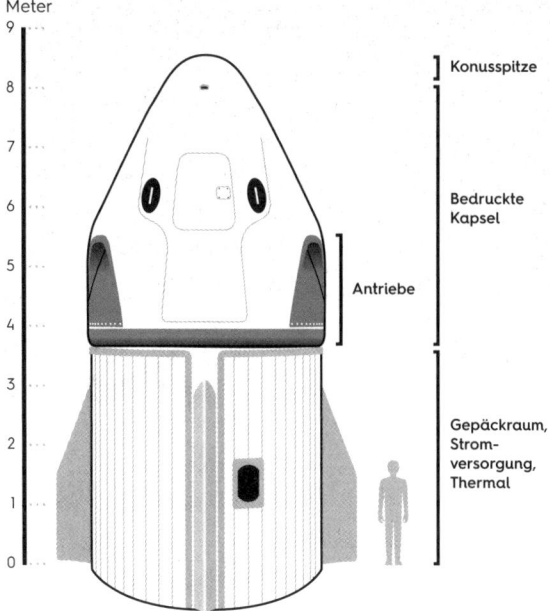

Meter

Konusspitze

Bedruckte Kapsel

Antriebe

Gepäckraum, Stromversorgung, Thermal

Der Aufbau der Crew Dragon, *mit der bedruckten Kapsel als oberem Teil mit integrierten Antrieben und Lebenserhaltungssystemen und dem unteren Teil für zusätzliches Gepäck, Solarpanel für die Stromversorgung (dunkel, hier auf der nicht sichtbaren Hinterseite) und Thermalradiatoren (hell, hier auf der sichtbaren Vorderseite)*

lösen und in Sicherheit bringen. Bei der *Sojus*-Rakete geht das wie früher bei den *Saturn*-Raketen auch über einen an der Spitze der Rakete angebrachten Rettungsturm mit vier kleinen eingebauten Antrieben.

»Hotel« Internationale Raumstation   Die einzige Raumstation, die sich heute als komfortabler Aufenthaltsort für Weltraumreisen nutzen lässt, ist die Internationale Raumstation. Sie hat ein nutzbares Volumen von 916 Kubikmetern, was, umgerechnet auf eine Wohnung mit 2,5 Metern Raumhöhe, 366 Quadratmetern Nutzfläche entspricht. Sie ist also geräumig, auch für touristische Ansprüche, jedoch nicht so komfortabel wie ein Luxushotel, eher wie ein Einsternehotel – trotzdem nicht gerade kostengünstig, wie wir gleich sehen werden.
Russland und Elon Musk treten (bis auf bisher einen Fall, siehe unten) nicht selber als Reiseanbieter auf. Das übernehmen zwei Weltraumreiseunternehmen, die sich auf orbitale Reisen zur ISS spezialisiert haben. Reisen mit *Sojus* zum russischen Teil der ISS werden über die Firma

Die Internationale Raumstation, aufgenommen im März 2011 vom Space-Shuttle Discovery

Space Adventures abgewickelt, Reisen mit SpaceX zum US-Teil über Axiom Space.

Die NASA verlangte gemäß ihrer offiziellen Preisliste aus dem Jahr 2019 Folgendes für die ISS-Nutzung: für Lebenserhaltungssysteme und die Toilette 11 250 US-Dollar pro Tag, für alle notwendigen Besatzungsmaterialien (wie Nahrung, Luft, medizinische Versorgung und mehr) 22 500 US-Dollar pro Tag und 42 US-Dollar pro Kilowattstunde für Strom. Das entspricht einem Übernachtungspreis von etwa 35 000 US-Dollar pro Person. Seit 2021 erlaubt die NASA insgesamt zwei sogenannte *Private Astronaut Missions* (PAMs) pro Jahr mit acht Tagen Aufenthaltsdauer auf der ISS.

Seit dem 29. April 2021 hat die NASA aber ihre Preise, die für alle neuen, bis dahin noch nicht verhandelten Flüge zur ISS gelten, drastisch erhöht. Sie verlangt pauschal 5,2 Millionen US-Dollar pro Person für die Unterstützung einer privaten Astronautenmission, was insbesondere das NASA-Training umfasst, und 4,8 Millionen US-Dollar pro Missi-

Die ISS ist geräumig, auch für touristische Ansprüche, jedoch nicht so komfortabel wie ein Luxushotel. Stellen Sie sich eher auf ein Einsternehotel ein.

on für Integration und grundlegende Dienstleistungen wie die Missionsplanung. Gemäß Richtlinie berechnet die NASA jetzt zwischen 88 000 und 164 000 US-Dollar pro Person und Tag für die Fracht von Gegenständen des täglichen Bedarfs (etwa Lebensmittel, Kleidung, Hygieneartikel) auf und von der Station durch NASA-Frachtfahrzeuge. Außerdem werden zwischen 40 und 1500 US-Dollar pro Person und Tag für Besatzungsbedarf und 2000 US-Dollar pro Person und Tag für die Bereitstellung von Lebensmitteln berechnet. Man muss sich also in Zukunft auf höhere Gesamtreisekosten bei Axiom Space einstellen. Welche »Hotelpreise« die russische Raumfahrtagentur ROSKOSMOS von Space Adventures für ihren Teil der Raumstation verlangt, ist nicht bekannt.

Reiseanbieter Space Adventures Space Adventures Inc. ist ein 1998 gegründetes amerikanisches Raumfahrtunternehmen mit Sitz in Vienna im US-Bundesstaat Virginia. Sein Angebot umfasst Ballonflüge in große Höhen, suborbitale Flüge, orbitale Raumflüge (mit der Option, an einem Weltraumspaziergang teilzunehmen) und andere Erfahrungen im Zusammenhang mit der Raumfahrt, darunter Kosmonautentraining, Trainingsaktivitäten für Weltraumspaziergänge und Touren zu Startplätzen, wobei viele dieser Aktivitäten in Russland stattfinden. Space Adventures wurde erstmals weltbekannt, als es den ersten Weltraumtouristen Dennis Tito (siehe S. 94) im April 2001 mit einem *Sojus*-Flug zur ISS brachte. Die Kooperation mit Russland war wohl sehr fruchtbar, denn es folgten darauf nahezu jedes Jahr bis 2009 sieben weitere Flüge mit jeweils einem Weltraumtouristen und einer Reisedauer von jeweils etwa zehn Tagen auf die ISS. Das änderte sich schlagartig, als die NASA wegen der Aufgabe ihrer Shuttle-Flüge russische Plätze buchte und somit keine Sojus-Sitzkapazität für Touristen mehr frei war. Erst als die *Crew Dragon* im November 2021 ihren regulären Flugbetrieb zur ISS aufnahm, folgte gleich darauf im Dezember 2021 ein reiner *Sojus*-Touristenflug mit zwei zahlenden Japanern. Seitdem ist es aber um Space Adventures still geworden, kein weiterer *Sojus*-Flug zur ISS ist bisher angekündigt (Stand Januar 2023).

Die ersten vier Flüge mit *Sojus* zur ISS kosteten Touristen 20 Millionen US-Dollar. Der Preis stieg über die vier folgenden Flüge kontinuierlich auf 35 Millionen US-Dollar im Jahre 2009. Die Flugkosten für den bisher letzten *Sojus*-Flug zur ISS im Dezember 2021 sind nicht bekannt.

Reiseanbieter Axiom Space Axiom Space Inc. ist ein amerikanisches Raumfahrtunternehmen mit Sitz in Houston, Texas, und wurde gegründet, um privatfinanzierte Weltrauminfrastruktur zu entwickeln. Erst später bot es auch touristische Flüge an. Der Gründer Michael Suffredini war von 2005 bis 2015 Programmmanager für die Internationale Raumstation bei der NASA und hat daher beste Bezie-

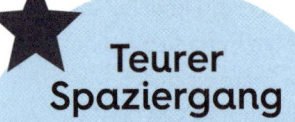

Teurer Spaziergang

Ein touristischer Weltraumspaziergang auf der ISS hat bisher nicht stattgefunden, würde aber laut »Preistabelle« von Space Adventures zusätzlich 15 Millionen US-Dollar kosten.

Bei Mitflügen in einer Sojus-Kapsel geht es ziemlich eng zu. Hier Alexander Gerst (links) auf seiner Mission zur ISS im Jahre 2014

hungen zu ihr. Die und ein Deal mit SpaceX für vier Flüge zur Internationalen Raumstation ermöglichten es Axiom Space, Touristenflüge zur ISS durchzuführen. Die Flüge sind mit jeweils einem professionellen Astronauten, der früher bei der NASA geflogen ist, besetzt. Im April 2022 flog die erste Axiom-Mission *AX-1* mit drei Touristen und dem Commander Michael López-Alegría für 17 Tage zur ISS. Im zweiten Quartal 2023 soll die zehntägige Mission *AX-2* stattfinden, mit Peggy Whitson als Commander und dem Amerikaner John Shoffner sowie zwei noch nicht namentlich bekannten Saudis als Touristen. Ende 2023 startet dann *AX-3* mit zwei türkischen Touristen. Der vierte Flug ist noch offen. Weil SpaceX seinen Flugbetrieb ständig und sehr erfolgreich ausbaut und die Raumstation noch bis 2030 fliegen soll, wird es mit großer Sicherheit noch viele weitere Axiom-Flüge zur ISS geben.

Touristische Weltraumspaziergange mit Axiom sind eher unwahrscheinlich, obwohl angeboten, weil die NASA das in ihren Raumanzügen wohl kaum zulassen würde – zu gefährlich. Sollten Sie also genügend Geld (15 Millionen US-Dollar) für einen Raumspaziergang übrig haben, dann wird das in Zukunft besser über Space Adventures im russischen Teil der ISS gehen. Die sehen eine touristische Nutzung ihrer Raumanzüge viel lockerer.

Über die Reisekosten kommender Axiom-Missionen ist nichts bekannt. Das Unternehmen ließ nur verlauten, dass jeder der drei Touristen auf der vergangenen *AX-1*-Mission 55 Millionen US-Dollar bezahlt hatte. In diesem Preis waren angeblich die genannten älteren NASA-Kosten für die Nutzung der Raumstation von etwa 35 000 US-Dollar pro Person und Tag, also etwa 600 000 US-Dollar pro Person über die 17 Tage, bereits enthalten – nun ja, die machten den Kohl nun auch nicht fett.

Das Polaris-Programm Bisher gab es nur einen orbitalen Touristenflug, der nicht zur ISS ging. Im September 2021 umkreisten vier amerikanische Touristen auf der *Crew Dragon*-Mission *Inspiration4* für drei Tage in einem niedrigen Orbit die Erde. Daher konnte SpaceX den Flug selbst vermarkten. Der Flugpreis wurde nicht bekannt gegeben, dürfte aber auch etwa 50 Millionen US-Dollar betragen haben, da die ISS->>Hotelkosten<< verglichen dazu nur bei 35 000 US-Dollar pro Person liegen. Sollte Ihnen also ein nur wenige Tage dauernder, campingartiger

Beim ersten Polaris-Flug soll ein größter Abstand von 1400 Kilometern zur Erde erreicht werden, von wo aus man diese natürlich weit besser überblicken kann.

Urlaub in der Enge der *Crew Dragon*-Kapsel genügen, dafür aber mit einer Aussichtskuppel mit 180-Grad-Rundumsicht für eine besonders schöne Aussicht auf die Erde, dann sollten Sie diese Option im Auge behalten.

Denn der Pilot und Geschäftsmann Jared Isaacman, der im September 2021 den *Inspiration4*-Raumflug kommandierte, kaufte von SpaceX drei Flüge, die er *Polaris*-Programm nennt. Die ersten beiden Flüge werden die *Crew Dragon* verwenden, während der dritte Flug der erste bemannte Flug mit dem kommenden *Starship*-Raumfahrzeug von SpaceX sein soll. Der erste der drei Flüge namens *Polaris Dawn* ist für frühestens März 2023 geplant und soll für fünf Tage drei US-Touristen an Bord haben. Das Besondere an dem Flug ist, dass seine Bahn einen größten Abstand von 1400 Kilometern zur Erde haben soll, von wo aus man diese natürlich weit besser überblicken kann, und angeblich soll dabei auch der erste touristische Weltraumspaziergang stattfinden.

Künstlerische Darstellung der Crew Dragon *mit halbkugelförmiger Aussichtskuppel auf einem der drei Flüge des Polaris-Programms*

So läuft ein Count-down ab   Die Vorbereitung für einen Flug in eine Erdumlaufbahn ist weit aufwendiger als die für einen suborbitalen Hopser. Der notwendige Druckanzug macht den Unterschied. Jeder SpaceX-Anzug für die *Crew Dragon* ist handgefertigt und maßgeschneidert. Das war bei den früheren orangeroten NASA-Druckanzügen, den sogenannten *Launch and Entry Suits*, nicht so. Da gab es nur wenige Standardgrößen, und nur der Mittelteil konnte mit Korsettschnüren in der Hüfte etwas angepasst werden.

So läuft nun ein Count-down mit der *Falcon 9* auf dem Kennedy Space Center (KSC) in Florida ab: Sieben Tage vor dem Flug begibt man sich in ein Quarantäne-Gebäude, um keine Krankheiten auf die ISS einzuschleppen. Drei Tage vor dem Flug wird man in den legendären *Crew Quarters* im *Operations and Checkout Building* (O&C) der NASA am KSC untergebracht.

Am Starttag beginnen die Vorbereitungen für den Flug mit einer kompletten Darmentleerung, da man bis zum Andocken an die ISS rund 27 Stunden im Druckanzug verbringen muss und in Druckanzügen größere Geschäfte nicht vorgesehen sind. Für das kleine Geschäft trägt jeder eine Windel für Erwachsene. Vier Stunden vor dem Start (fachlich T-04:00) werden mit dem sogenannten *suit donning* die SpaceX-Druckanzüge angelegt – *starman suits* werden sie gerne genannt, weil sie so cool aussehen. Direkt nach dem Anlegen werden sie auf Sitz und drei Bar Überdruck getestet (Check-out). Dabei wird man aufgebläht wie ein Michelin-Männchen. Bei T-3:20 verlässt die Crew das O&C Building (Walk-out), steigt standesgemäß in bereitstehende weiße Tesla-Autos ein und erreicht so um T-2:55 die Startrampe. Dort wird man mit dem Aufzug zur Spitze der *Falcon 9*-Rakete gefahren, wo man zügig in die Kapsel einsteigt und sich in den Sitzen anschnallt. Um T-1:55 wird die Einstiegsluke geschlossen – der *final countdown* beginnt. Um T-00:35 beginnt die Betankung der Rakete mit Treibstoff. Um T-00:00 ist *Lift-off!*

Was sind die körperlichen Voraussetzungen?   Wie bereits im gleichen Abschnitt für suborbitale Flüge gesagt, sollten Sie den Mythos von »The Right Stuff« aus den 1960er- und 70er-Jahren vergessen. Die Sorge, man könnte körperlich nicht fit genug sein, ist meist unbegründet. Das beste Beispiel ist John Glenn, der im Jahre 1962 als erster US-Astronaut

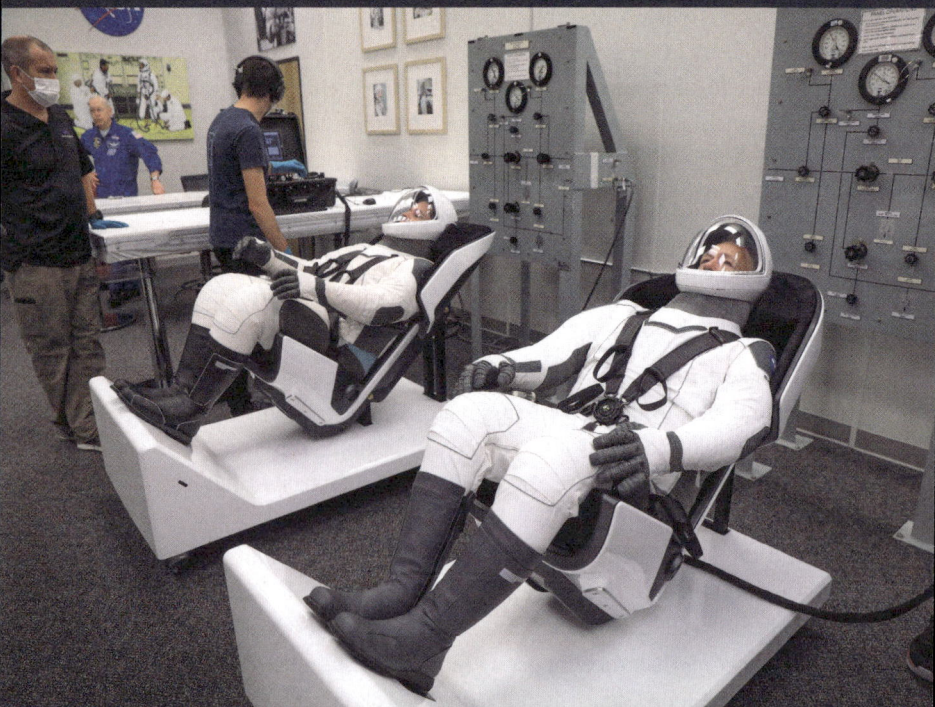

Druck-Check der starman suits *in
den NASA Crew Quarters am KSC*

NICOLE MANN   JOSH CASSADA

KOICHI WAKATA   ANNA KIKINA

*Über den futuristischen Zubringer und durch
die Einstiegsluke gelangt man in die Kapsel*

*Nachtstart der bemannten Falcon 9-
Rakete am 15. November 2020*

*Die Astronauten der Crew 2-Mission in ihren
Druckanzügen in der Crew Dragon-Kapsel*

Nach der Mission und dem Abdocken von der ISS wässert die Crew Dragon-Kapsel vor der Küste Floridas – Splash down!

Um T-1:55 wird die Einstiegsluke geschlossen, Ihr final countdown beginnt. Um T-00:35 beginnt die Betankung der Rakete mit Treibstoff. Um T-00:00 ist Lift-off!

die Erde umrundete und später, im Jahre 1998, im Alter von 77 Jahren nochmals auf einem Space-Shuttle flog. Sollten Sie sich also mindestens so fit wie ein 77-Jähriger fühlen, dann erfüllen Sie im Wesentlichen die Voraussetzungen. Der Dreh- und Angelpunkt ist, wie bei suborbitalen Flügen auch, eine Zentrifugenfahrt, bei der es abzuklären gilt, ob unter dem Einfluss der g-Kräfte bei Start und Landung der Kreislauf stabil bleibt oder doch kollabiert. Unter Bezug auf die Schwerkraft, die ein Mensch hier auf der Erde erfährt – bezeichnet als 1 g –, betragen die maximalen g-Kräfte bei einem Aufstieg mit einer *Falcon 9* ins All im Liegen 4,4 g (*SpaceShipTwo*: 3,8 g, *New Shepard*: 2,8 g) und beim Wiedereintritt etwa 4 g (*SpaceShipTwo* und *New Shepard*: 5 g). Insofern machen suborbitale und orbitale Flüge hinsichtlich körperlicher Belastung keinen großen Unterschied.

Außerdem muss man sich einer gründlichen medizinischen Untersuchung unterziehen, die in Teilen, jedoch nicht so streng, einer fliegermedizinischen Untersuchung mit Tauglichkeitszeugnis Klasse 2 entspricht. Jeder kann, sozusagen zum Vorabcheck, eine solche Untersuchung machen lassen. Eine Liste aller deutschen fliegerärztlichen Untersuchungsstellen findet man unter *www2.lba.de/webdb/showtab.jsp?table=flareg*.

Tipp

Ich rate Ihnen sehr, die vertraglich vereinbarten Zahlungen davon abhängig zu machen, ob Sie beim Zentrifugefahren und der ärztlichen Untersuchung durchkommen. Überhaupt sollten Rücktrittsklauseln für bestimmte Fälle auch Rückzahlungen vorsehen.

Flugvorbereitendes Training

Anders sieht es beim Training für einen Flug zur Raumstation aus. Hier sitzt man sowohl in der *Sojus*-Kapsel als auch in der *Crew Dragon* am Cockpit und muss sich daher etwas auskennen für den Fall, dass doch einmal etwas passiert. Daher wird von Weltraumtouristinnen und -tou-

Die Astronauten Doug Hurley und Bob Behnken trainieren im Crew Dragon Simulator für ihre Demo-2-Mission von SpaceX im Mai 2020

risten der niedrigste Qualifikationslevel eines Astronauten verlangt, der sogenannte *User Level*, und entsprechend trainiert. Er umfasst allgemein einen ersten Überblick und die Eingewöhnung in die Technik des Raumfahrzeugs und der Raumstation, in Sicherheitsaspekte und in die Bedienung von Systemen des täglichen Lebens (z. B. Essenszubereitung, Kommunikation etc.). Dafür muss man im Vorfeld eines Weltraumfluges einige Zeit mitbringen.

Bei Axiom Space dauert so ein Training 17 Wochen, was Schulungen für die Trägerrakete *Falcon 9* und das Raumschiff *Dragon*, Notfallvorsorgetraining, Ein- und Ausstiegsübungen für Raumanzüge und Raumfahrzeuge sowie Teil- und Vollsimulationen im Crew Dragon-Simulator von SpaceX sowie Einweisungen in die ISS bei der NASA im Lyndon B. Johnson Space Center (JSC) in Houston umfasst. Insbesondere müssen Weltraumtouristen auf den drei Touchscreen-Displays den gesamten Start- und Andockprozess überwachen und im Notfall sogar durchführen können. Gegenwärtig ist es so, dass bei Axiom eine Crew ihr Training etwa ein Jahr vor dem Flug beginnt und je nach Rolle in der Crew zwischen 750 und über 1000 Trainingsstunden verbringt. Als Trainingsbeispiel nennt Axiom Space die Toilette. Man muss lernen, wie die Toiletten der Raumstation funktionieren, aber als Gast muss man nicht trainieren, wie eine Toilette repariert wird, wenn sie nicht funktioniert.

Mondflüge

Eine Touristenmission zum Mond spielt in einer vollkommen anderen Liga als Flüge in eine Erdumlaufbahn. Sie sind vor allem noch exklusiver. Bisher gab es noch keine solche Mission, jedoch wurden Missionssitze verkauft. Es gibt zwei Reiseanbieter im Mondgeschäft: Space Adventures und SpaceX.

Deep Space Expedition Alpha Seit 2005 bietet Space Adventures Ltd. die Mondmission *Deep Space Expedition Alpha* (DSE-Alpha) an. Die Mission soll in einem *Sojus*-Raumfahrzeug zwei Touristen und einen Commander in insgesamt neun Tagen zum Mond fliegen, ihn umrunden und danach direkt wieder zur Erde zurückkehren.
Im Juni 2007 berichtete *www.space.com*, dass zwei Personen Interesse am Kauf von Sitzplätzen gezeigt hätten. Im Januar 2011 gab der Gründer von Space Adventures, Eric Anderson, bekannt, dass einer der beiden Sitze des Fluges zu einem Preis von 150 Millionen US-Dollar verkauft worden und Verhandlungen über den zweiten Sitz im Gange seien. Außerdem gab Space Adventures an, dass die erste Mission bis 2015 stattfinden könnte. Im Jahre 2014 war der geplante Start auf 2018 gerutscht. Heute findet man auf der Website des Unternehmens überhaupt kein geplantes Startdatum mehr.
Das Problem bei dieser Mission ist, dass die *Sojus*-Rakete für einen solchen Einsatz zu schwach ist. Daher sieht der DSE-Vorschlag vor, zunächst die drei Besatzungsmitglieder in einer *Sojus*-Rakete in eine niedrige Erdumlaufbahn zu bringen – einen sogenannten Parkorbit. Kurz

Der ultimative Weltraumtrip zum Mond am 9. Juni 2123

Am 9. Juni 2123, um genau 5:55 Uhr UTC (Weltzeit), wird der Höhepunkt eines Naturschauspiels erreicht sein, das man nur von der Mondoberfläche aus betrachten kann. Die Sonne, die vom Mond aus gesehen einen Durchmesser von nur etwa einem Fünftel der Erde hat, wird 53 Minuten vorher beginnen hinter der Erde zu verschwinden und zum erwähnten Zeitpunkt mittig hinter ihr stehen. Die Erde hat eine lichtdurchlässige Atmosphäre, die jedoch nur rote Sonnenstrahlen zum Mond beugt, blaue Strahlen hingegen herausstreut und damit sozusagen »wegfiltert«. Vom Mond aus betrachtet wird unser Planet daher mit einem gleichmäßig breiten blutroten Lichtkranz erstrahlen. Dieses Schauspiel gibt es im gesamten Sonnensystem nur hier auf dem Mond, weil kein anderer fester Planet eine solche Atmosphäre in Kombination mit einem Mond hat.

Die Erde vom Mond aus betrachtet am 9.6.2123 um 5:55 Uhr UTC, umgeben von einem blutroten Lichtkranz

danach wird eine kleinere, unbemannte *Zenit*-Rakete mit einer bis zu 14,5 Tonnen schweren zusätzlichen Raketenstufe gestartet, die an das *Sojus*-Raumfahrzeug angedockt werden soll, um es damit in die Übergangsbahn zum Mond zu schießen.

Bei der Mondmission DSE-Alpha wird versucht, eine Raketenoberstufe an ein Sojus-Raumschiff zu koppeln. Das wurde bisher noch nie gemacht und ist daher höchst lebensgefährlich!

Sollten Sie sich für den zweiten Sitz von DSE-Alpha interessieren, dann rate ich Ihnen dringend, lassen Sie die Finger davon. Die Mission ist eine Kateridee, obendrein höchst lebensgefährlich und wird voraussichtlich nie stattfinden. Warum? Da wird versucht, eine Raketenoberstufe an ein *Sojus*-Raumschiff zu koppeln. Das wurde bisher noch nie gemacht! Eine seriöse Mission basiert auf zuverlässiger Hardware (eine *Zenit*-Rakete mit andockbarer Oberstufe ist das nicht) und getesteten Missionsabläufen (hat bisher so nie stattgefunden). Außerdem: Früher flog die *Zenit*-Rakete vier- bis fünfmal im Jahr, dann wurde es immer seltener, und seit 2017 ist sie überhaupt nie mehr geflogen. Würden Sie sich auf eine eingemottete Zubringerrakete verlassen? Ach ja, noch etwas: Die *Zenit*-Rakete wurde von der Ukraine in Dnipro für Russland gefertigt. Es wird wohl leider lange dauern, bis sich Ukrainer und Russen wieder umarmen.

dearMoon-Mission Im Februar 2017 verkündete SpaceX, sie würden zwei Touristen, die sich später als der Milliardär Yusaku Maezawa und ein Freund von ihm outeten, in einer *Crew Dragon* und mit einer *Falcon Heavy*-Rakete auf eine sechstägige Reise um den Mond schicken. Wie viel Maezawa für den Mondflug, *dearMoon* genannt, an SpaceX zahlt, ist nicht bekannt. Ein Jahr später, im Februar 2018, ließ SpaceX wissen, die *Falcon Heavy* sei für bemannte Flüge nicht qualifiziert und daher würde die Mission verschoben, bis die größere Nachfolgerakete *Big Falcon Ro-*

cket (BFR) bereitstünde. Da die aber weit mehr Passagiere zum Mond bringen kann und der Vertrag mit Maezawa da schon unter Dach und Fach war, hat Maezawa nun die Möglichkeit, zum gleichen Preis weit mehr Personen mitzunehmen. Am 8. Dezember 2022 gab Maezawa acht ausgewählte Besatzungsmitglieder sowie zwei Personen als Ersatzmannschaft bekannt. Details findet man auf der Website *dearmoon. earth*.

Diese Mission liegt noch in weiter Ferne, da die BFR (inzwischen in *Starship* umbenannt) noch nicht einsatzbereit ist. Mehr noch, es wurde kein Datum für einen Erstflug bekannt gegeben. Trotzdem ist *dearMoon* wesentlich seriöser als DSE-Alpha. Bekanntlich arbeitet Elon Musk gründlich und setzt erst dann eine Rakete ein, wenn sie mehrmals erfolgreich unbemannt geflogen ist. Das kann aber noch dauern …

Wenn *Starship*, mit dem Elon Musk auch zu seinem eigentlichen Ziel Mars fliegen will, aber erst mal fertig und getestet ist, dann wird das sicherlich nicht die einzige Mondumrundungsmission bleiben. Da es zudem einen Vertrag mit der NASA gibt, *Starship* für eine Mondlandung zu erweitern, wird es in Zukunft wohl auch möglich sein, Missionen auf die Mondoberfläche zu fliegen. Solche Flugangebote gibt es von SpaceX aber noch nicht.

Dennis Tito

Im August 2022 buchte der 82-jährige Dennis Tito, der erste Weltraumtourist aus dem Jahre 2001, zusammen mit seiner Frau Akiki angeblich einen zweiten einwöchigen Mondumrundungsflug bei SpaceX. Er sicherte sich aber ein Rücktrittsrecht, sollte der Flug nicht bis 2027 stattfinden.

FAQ

Wie kann man sich auf Weltraumflüge vorbereiten? Es gibt zwei Aspekte der Vorbereitung: Der erste ist das Erlernen von formalen Dingen für eine Mission, also die oben genannte *User Level Qualification*, die den Überblick und die Eingewöhnung in die Technik des Raumfahrzeugs und der Raumstation, in Sicherheitsaspekte und in die Bedienung von Systemen des täglichen Lebens umfasst. Das ist Teil des flug-

Vor der Angst hilft nur eines: Tägliches Training mit dem Raumfahrzeug, also Gewöhnung, so wie Sie sich über Jahrzehnte an das tagtägliche Autofahren gewöhnt haben.

vorbereitenden Trainings, und es ist die Aufgabe des Reiseanbieters, es durchzuführen. Die Zeit dafür müssen Sie mitbringen, die Kosten dafür sind normalerweise in den Flugkosten enthalten, aber schauen Sie vorsichtshalber im Reisevertrag nach, bevor Sie ihn unterzeichnen. Der andere Aspekt betrifft die Frage, wie man sich physisch und psychisch auf den Flug vorbereiten kann.

Eine Einflussnahme auf die Psyche ist schwierig, wie wir alle wissen. Wer Angst vor dem Fliegen hat, sollte natürlich erst gar nicht an Weltraumflüge denken. Aber selbst Hartgesottenen mag der Gedanke, in eine Rakete einzusteigen, die beim Start die Energie von mehreren Kernkraftwerken entfaltet und mit einer theoretischen Wahrscheinlichkeit auch explodieren kann (auch wenn es dafür die genannten Rettungseinrichtungen gibt), ungemütlich erscheinen. Wenn Sie das abschreckt, denken Sie daran, dass Sie jeden Morgen in Ihr Auto einsteigen, obwohl es auf bundesdeutschen Straßen etwa 2500 Verkehrstote pro Jahr gibt. Sie machen es trotzdem, weil Sie sich an den Gedanken gewöhnt haben und Ihnen dieses Risiko im Vergleich zu den Annehmlichkeiten, die Ihnen ein Auto bietet, gering erscheint. Anstatt also wie jeden Morgen ins Auto zu steigen, betreten Sie – voraussichtlich nur ein

Parabelfliegen bei der NASA: Erst geht es steil nach oben …

einziges Mal in Ihrem Leben – ein Raumfahrzeug, bei dem die Wahrscheinlichkeit für ein tödliches Ende inzwischen etwa dem entspricht, das man eingeht, wenn man sein Leben lang am Straßenverkehr teilnimmt.

Es ist also eine rein mentale Angelegenheit. Reden und Zahlen helfen da bekanntlich nichts. Wirklich helfen tut sowieso nur eines: Tägliches Training mit dem Raumfahrzeug, also Gewöhnung, so, wie Sie sich über Jahrzehnte an das tagtägliche Autofahren gewöhnt haben. Auch deshalb ist das flugvorbereitende Training des Reiseanbieters so wichtig.

Was ebenfalls positiv wirkt, ist mentales Training, das auch professionelle Astronautinnen und Astronauten machen. Mentales Training sollte man immer dann anwenden, wenn man sich in eine unbekannte Situation begibt, vor der man Angst hat – etwa vor einem Vorstellungsgespräch. Bei diesem Training im Sitzen schließt man die Augen und malt sich gedanklich die Situation aus, die da auf einen zukommen soll. Dabei versucht man, sich alle denkbaren Details vorzustellen und zu überlegen, was man dann machen oder sagen würde. Dieses vorbereitende Wissen nimmt einem die größte Angst, die vor allem darin gründet, mit Unvorhergesehenem konfrontiert zu werden. Probieren Sie es auch im Alltag aus, es funktioniert!

Physisch gibt es nichts vorzubereiten. Sie wissen ja bereits, dass zu viele Muskeln für einen längeren Weltraumaufenthalt nicht gut sind (siehe S. 61), und bei fünfminütigen suborbitalen Hopsern spielt eine besondere körperliche Verfassung sowieso keine Rolle. Eine ärztliche Unter-

... und dann genauso wieder runter. Dazwischen ist man für bis zu 25 Sekunden schwerelos.

suchung und einmaliges Zentrifugefahren sind die Nagelproben, danach können Sie sich zurücklehnen.

Aber Ihr Gleichgewichtsorgan gilt es zu testen und vielleicht ein wenig auf die Schwerelosigkeit einzustimmen. Dazu gibt es drei Möglichkeiten: Die einfachste ist das Fahren mit einer Kirmesachterbahn. Dabei wird das Gleichgewichtsorgan irritiert, was viele als Spaß empfinden, aber manche leider mit Übelkeit quittieren. Sollten Sie kein Freund von Achterbahnfahren, aber trotzdem an Raumflügen interessiert sein, dann machen Sie einen Parabelflug. Das ist Achterbahnfahren mit einem Flugzeug, aber nicht so wild und doch anders, nämlich mit echter Schwerelosigkeit. Parabelflüge werden inzwischen von einigen Anbietern in Deutschland und vielen weltweit kommerziell angeboten. Ein Blick ins Internet genügt.

Und schließlich ist Sporttauchen eine günstige Art, der Schwerelosigkeit näher zu kommen. Der Schwebezustand unter Wasser ist zwar keine echte Schwerelosigkeit, wie viele glauben, kommt aber der Sache näher. Wichtig: Für eine Irritation des Gleichgewichtsorgans sollte man anfangs nur leichte, später wildere Körperdrehungen um die Körperquerachse (Rollen vorwärts) machen.

Gesundheitsrisiken   Die g-Kräfte, die bei Aufstieg und Wiedereintritt in die Atmosphäre entstehen, können, je nach körperlicher Verfassung, mit Gesundheitsrisiken verbunden sein. Es gibt den sogenannten *Greyout* und – weiter fortgeschritten – den *Blackout* als Vorstufen zur Bewusstlosigkeit. Der *Greyout* ist ein Verlust des Farbsehens (man sieht alles nur noch grau), während *Blackout* den totalen Sehverlust (man sieht nur noch schwarz) bezeichnet. Beides wird verursacht durch eine Sauerstoffunterversorgung der Augennetzhaut – sie reagiert am empfindlichsten darauf. Da die Augen in mancher Hinsicht ein Fenster zum Gehirn sind, ist bei zunehmenden g-Kräften ein *Greyout* mit nachfolgendem *Blackout* ein zuverlässiger Indikator für eine bevorstehende Bewusstlosigkeit des Körpers.

Bei Bewusstlosigkeit unterscheidet die Medizin zwischen zwei Graden: A-LoC

★ Tauchgang

Weil Tauchtraining gut für die Schwerelosigkeitsgewöhnung ist, ist es fester Bestandteil jeder professionellen Astronautenausbildung.

(*Almost Loss of Consciousness*) bedeutet eine geistige Beeinträchtigung und einen Verlust des Situationsbewusstseins ohne entsprechenden Bewusstseinsverlust, während G-LoC (*G-induced Loss of Consciousness*) den vollständigen Verlust des Bewusstseins bezeichnet. Während man einen *Greyout/Blackout* noch einigermaßen selbst erkennt, entziehen sich A- und G-LoC logischerweise dem eigenen Bewusstsein. Es ist wie beim abendlichen Fernsehen, wenn man müde ist.

A-LoC ist, wenn man noch glaubt, alles mitzubekommen – ist man aber wieder »voll da«, wird einem klar, dass man von den letzten Minuten gar nichts erfasst hat. TV-LoC wäre der Tiefschlaf vor dem Fernseher. *Blackout* und A-LoC sind nicht gesundheitsschädlich, aber wichtige Vorstufen zu einem G-LoC, der bei langanhaltend hohen g-Kräften gesundheitsschädlich wäre.

Ob und wann g-Kräfte zu *Greyout/Blackout* und dann zu A/G-LoC führen, hängt von der Körperorientierung relativ zur g-Richtung ab. Im Liegen verträgt der Körper mehr g als im Sitzen, und da wiederum mehr als im Stehen. Bei g-Kräften beim Start von bis zu 4 g im Sitzen ist die Wahrscheinlichkeit für *Blackout* oder A-LoC gering. Sie steigt aber beim Wiedereintritt von *SpaceShipTwo* und *New Shepard* mit Spitzenbelastungen von 5 g, maximal 6 g, stark an. Weil dabei g-Kräfte über 4 g nur 20 Sekunden anhalten, besteht allerdings auch hier keine wirkliche Gesundheitsgefahr. Ob dann aber ein gefährlicher Kreislaufkollaps eintreten könnte, wird bereits vor der Mission durch einen Zentrifugentest abgecheckt. Unabhängig davon sollte man Aufstieg und Wiedereintritt besser im Liegen als im Sitzen über sich ergehen lassen, selbst wenn man dann durch das Fenster weniger von der Erde sieht.

Tipp

Etwa neun Stunden vor einem Flug nichts mehr essen – nicht nur wegen des möglichen Übergebens, sondern auch, damit sich für die Verdauung nicht zu viel Blut in der Magengegend ansammelt, das dann im Kopf fehlt.

Rechtliches und Risiken   Natürlich sollte man auch über die rechtlichen Bestimmungen eines suborbitalen Fluges informiert sein. Für Raumflüge durch den US-Luftraum ist die US-Luftfahrtbehörde *Federal Aviation Administration Office of Commercial Space Transportation*

(FAA/AST) zuständig. Nach US-Recht muss ein Unternehmen, das zahlende Passagiere von amerikanischem Boden in den Weltraum bringt, dafür eine Lizenz von der FAA erhalten. Mit der Lizenz verlangt die FAA gemäß Teil 460 ihrer Regularien – »Human Spaceflight Requirements« – von den Betreibern von Raumflügen Folgendes:

- Ein Raumflug-Betreiber muss jeden Raumfluggast (offiziell heißt der *space flight participant*) schriftlich über die Risiken des Starts und des Wiedereintritts informieren und dies in einer Weise präsentieren, die von einem Fluggast ohne spezielle Ausbildung leicht verstanden werden kann.
- Er muss darüber hinaus für jeden Einsatz alle bekannten Gefahren und Risiken, die zu schweren Verletzungen, Tod, Behinderung oder vollständigem oder teilweisem Verlust der körperlichen und geistigen Funktion führen könnten, schriftlich offenlegen.
- Er muss zudem offenlegen, dass es Gefahren gibt, die nicht bekannt sind.
- Er muss erklären, dass die Teilnahme am Weltraumflug zum Tod, zu schweren Verletzungen oder zum vollständigen oder teilweisen Verlust der körperlichen oder geistigen Funktion führen kann.
- Er muss jeden Fluggast darüber informieren, dass die Regierung der Vereinigten Staaten die Trägerrakete und jedes Wiedereintrittsfahrzeug für die Beförderung von Besatzung oder Fluggästen als nicht sicher zertifiziert hat.
- Er muss Raumflugteilnehmer für Maßnahmen bei Notfällen schulen.
- Und schließlich muss jeder Fluggast eine Verzichtserklärung auf Lebenszeit unterzeichnen, die die US-Regierung von jeglicher Verantwortung entbindet.

Der rechtliche Wert dieser Verzichtserklärung wird von US-Prozessanwälten infrage gestellt. Es ist wahrscheinlich, dass sie vor Gerichten der US-Bundesstaaten angefochten werden, wenn die Verzichtsregelung nicht auf der Ebene der Bundesstaaten gebilligt wird, was meines Wissens bisher noch nicht geschehen ist.

Die FAA verlangt jedoch einen obligatorischen Versicherungsschutz von Betreibern, die aus den Vereinigten Staaten fliegen. Die Höhe dieser obligatorischen Deckung kann je nach Risikobewertung der Genehmigungsbehörde und der Bestimmung des maximal wahrscheinlichen

Wenn Sie eine wirklich extravagante Weltraumreise suchen, warum nicht dann die letzte Ihres Daseins? Sie ist weitaus günstiger als eine zu Ihren Lebzeiten. Der wohl erfahrenste Anbieter ist Celestis in Houston, USA. Er verlangt für seinen Earth Orbit Service aktuell ab 4995 US-Dollar. Das ist weniger als die durchschnittlichen Gesamtkosten einer einfachen Feuerbestattung in Deutschland, die nämlich 5830 Euro beträgt. Voraussetzung ist allerdings eine ebensolche vorherige Feuerbestattung. Von der Asche können ein paar Gramm abgezweigt und in Kapseln auf die letzte Reise ins All geschickt werden. Die genannten 4995 US-Dollar gelten für eine Kapsel zu einem Gramm, zwei Gramm kosten 7500 US-Dollar und drei Gramm 10 000 US-Dollar. Will ein Ehepaar gemeinsam im All bestattet werden, dürfen sie zusammen nicht mehr als sieben Gramm wiegen, dafür kostet es aber auch nur 15 000 US-Dollar. Eine Mondbestattung ist mit 12 995 US-Dollar pro Gramm und pro Person schon ein teureres »Vergnügen«. Der nächste Mondbestattungsflug Mitte 2023 ist schon ausgebucht. Aber für den folgenden Ende 2023 sind noch Plätze frei. Sie sollten sich also beeilen!

Übrigens: Celestis bietet inzwischen auch Weltraumbestattungen für Tiere an, als Celestis Pet-Mission. Die Konditionen sind natürlich dieselben wie für uns Menschen. Nur geflogen wird nicht zusammen, nachdem Celestis dies zwar anfänglich in Betracht zog, daraufhin aber einige Kunden ihren Flug angeblich stornierten – dann doch mit dem Ehepartner.

Ein-Gramm-Kapseln (eine geöffnet), die zu je 60 Stück in eine Palette gesteckt werden. Mehrere Paletten werden in einen Kubus gestapelt, der ins All fliegt.

Gut zu wissen

Bestattung im All

Kuriose persönliche Gegenstände

Es gab bereits Federbälle, einen Eishockey-Puck, ein Stück Felsen vom Mount Everest und vom Mond auf der ISS. Vom Schöpfer von »Star Trek«, Gene Roddenberry, wurde auf der Shuttle-Mission STS-52 im Jahre 1992 ein Teil seiner Asche in einer kleinen Kapsel mitgeflogen.

Verlusts von Personen- oder Sachschäden variieren. Der erforderliche Betrag braucht jedoch 500 Millionen US-Dollar nicht zu übersteigen, da Ansprüche Dritter, die diesen Betrag übersteigen, von der Regierung der Vereinigten Staaten bis zu einer Höhe von 1,5 Milliarden US-Dollar bezahlt werden.

Ich könnte mir vorstellen, dass sich auch die Betreiber eine Verzichtserklärung von Passagieren unterschreiben lassen wollen, die sie von jeglicher Verantwortung entbindet. So hieß es bei Jeff Bezos in seiner Ausschreibung zu einem Flugsitz für seinen ersten suborbitalen Touristenflug im Jahre 2021:

»Der Astronaut verzichtet auf sein/ihr Recht, Ansprüche gegen am Flug beteiligte Personen geltend zu machen, einschließlich Blue Origin, seiner verbundenen Unternehmen, Mitarbeiter, Eigentümer, Auftragnehmer … und anderer Kunden für Verluste, die Astronauten in Verbindung mit der Astronautenerfahrung möglicherweise entstehen könnten.«

Im Hinblick auf den obligatorischen Versicherungsschutz sollten Sie so eine Verzichtserklärung nicht akzeptieren und das möglichst früh mit dem Anbieter klären. Sollte der Druck vom Anbieter zu groß werden, können Sie natürlich auch eine Raumflugversicherung bei einem privaten Versicherungsunternehmen abschließen, obwohl die nach US-Recht nicht zwingend notwendig wäre. Inzwischen gibt es viele US-Versicherer, die so etwas anbieten, so, wie ich es auch damals schon für meine Shuttle-Mission getan habe. Nur denken Sie daran: Eine Lebensversicherung ist keine Absicherung gegen den Tod, sondern nur gegen seine Folgen für Hinterbliebene! Der Hintergrund hinter alldem ist klar: Fliegen ist besonders tödlich, weil man aus großer Höhe abstürzen kann. Das gilt zwar für jede Art von Flug, aber nach internationalem Raumfahrt-Haftungsrecht gilt Raumfahrt als *ultra-hazardous activity*, also als ultragefährliche Tätigkeit, und sie ist noch weit davon entfernt, eine Routineaktivität zu sein. Es ist halt wie sonst überall auch: Wer Neuland betritt, geht erhöhte Risiken ein. Konkret betrachtet liegt das von der Versicherungsbranche angenommene Todesrisiko für kommerzielle Raumflüge um etwa eine Größenordnung höher als bei anderen Extremerlebnissen wie Basejumping oder einem Kunstflug, nämlich bei zurzeit etwa 0,5 Prozent, wird aber von der Besteigung des Mount Everest übertroffen, wo das Todesrisiko derzeit bei 5,2 Prozent liegt, also zehnmal höher.

Was darf man mitnehmen? Solange man mit Raumfahrzeugen fliegt, die nicht zur Raumstation gehen, liegt es im Ermessen des Fahrzeugbetreibers, was und wie viel (meist Massenbeschränkung) man mitnehmen darf. Bei Flügen auf die ISS sind gemäß des für alle Teilnehmerstaaten verpflichtenden ISS-Programms bei Missionen mit *Sojus*- und SpaceX *Crew Dragon*-Raumfahrzeugen jeweils 1,5 Kilogramm (3,3 Pfund) für persönliche Gegenstände möglich. Eine Größenbeschränkung gibt es dabei nicht. Astronauten haben schon Gitarren, Dudelsack und Saxofon mit auf die ISS gebracht.

Kleidung Im Raumfahrzeug muss die dafür vorgeschriebene und zur Verfügung gestellte Kleidung – meist bestehend aus feuerfestem Nomex – getragen werden. Auf der Raumstation geht es legerer zu, man trägt, was gefällt. Die NASA legt jedoch Wert darauf, dass Kleidung wenig ausgast, also Geruchsstoffe freigibt, die dort oben nur schwer beseitigt werden können. Einmal Durchlüften geht da nicht!

Gibt es Strom und Internet? Es dürfen keine eigenen elektrischen Geräte auf die ISS gebracht werden. Die ISS wird intern mit 120 Volt Gleichstrom versorgt. Es gibt von der NASA zugelassene Laptops und Internet auf der ISS.

Telefonieren Mit speziellen Handys (nicht rückrufbar) kann man beliebige Telefone auf der Erde anrufen.

Alltag im All

Essen und Trinken

Nach der Rückkehr von einem Raumflug wird man vieles gefragt. Aber ein Klassiker ist immer dabei: Wie war das mit Essen, Trinken und Toilette im All? Ich weiß, es macht natürlich neugierig – erst recht Personen wie Sie, die sich für Weltraumreiseliteratur interessieren.

Während eines nur etwa eine Stunde dauernden suborbitalen Fluges nimmt man natürlich nichts zu sich. Im Gegenteil, man sollte etwa neun Stunden vorher nichts essen. Denn wo nichts ist, lässt sich wegen möglicher Übelkeit in der Schwerelosigkeitsphase auch nichts verlieren.

Dasselbe gilt auch vor dem Start orbitaler Flüge. Zu Beginn der Schwerelosigkeit ist es ohnehin so, dass man keinen Hunger hat, denn allen ist mehr oder weniger übel. Für alle Fälle kann man sich einen oder mehrere Müsliriegel einstecken. Nach 22 Stunden ist die Übelkeit meist überwunden, dann steht einem die »Gourmet-Welt« der Raumstation offen. Aber es gibt keine Menükarte, aus der man auswählen könnte, denn zu einer genauen Missionsplanung gehört auch die vorherige Festlegung des Essens.

Wenn Sie mit dem US-Raumfahrtunternehmen Axiom Space fliegen, gibt es bei der NASA weit

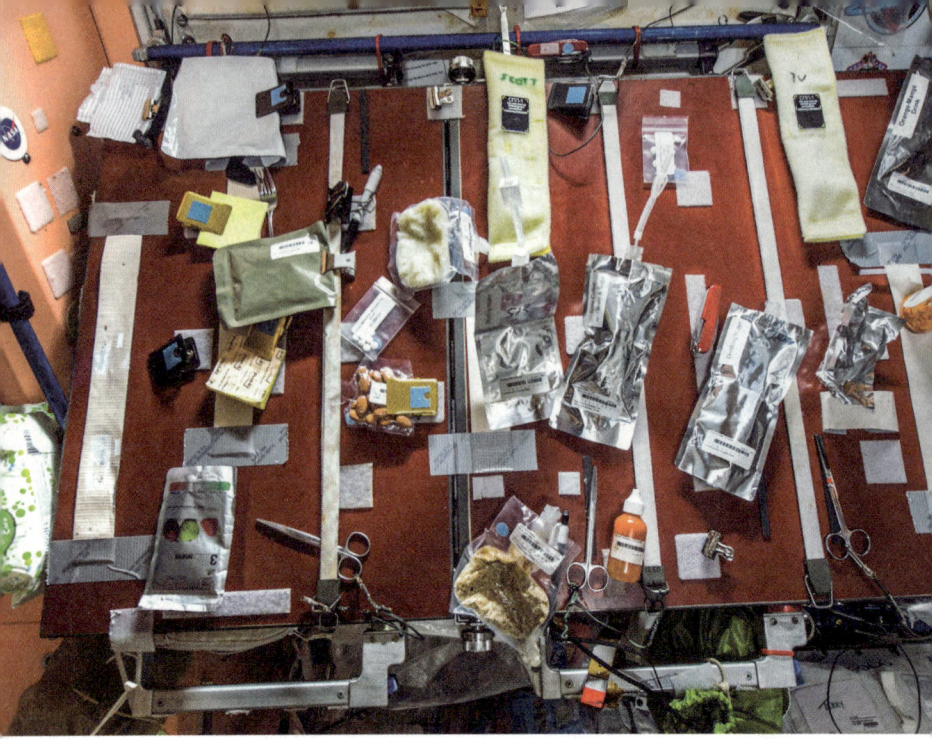

Ein typisches Essensangebot auf dem Esstisch der ISS. Das Fläschchen mit der orangeroten Tabascosoße (Mitte unten) ist zum »Aufpimpen« immer sehr beliebt. Die kleinen weißen quadratischen Flecken sind Klettverschlüsse zum Anheften der Beutel.

vor der Mission ein Probeessen, nach dem man sich seine drei Mahlzeiten am Tag nach Belieben zusammenstellen kann. Die Auswahl ist groß: Es gibt über 200 Angebote, darunter Obst, Nüsse, Erdnussbutter, Joghurt, Rührei, Hühnchen, Rindfleisch, Meeresfrüchte, Süßigkeiten, Brownies und mehr. Zu den verfügbaren Getränken gehören Kaffee, Tee, Orangensaft, Fruchtpunsch und Limonade. Nach der Auswahl stellen Ernährungswissenschaftler sicher, dass das Essen ausgewogen ist und ausreichend Vitamine und Mineralstoffe hat. So manch einer muss dann seine Auswahl ändern – auch ich damals.

Alles, was man auf der ISS isst, muss vorher auf der Erde zubereitet und haltbar gemacht werden. Dazu gehören viel Erfahrung und so manches Wissen. So zeigt etwa die Erfahrung, dass das Essen im All meist zu fade schmeckt. Ein Weltraummediziner erklärte mir einmal, woran das seiner Meinung nach liegt. In der Schwerelosigkeit gibt es keine natürliche

Im Weltraum schmeckt alles weniger intensiv, daher müssen die Speisen besonders würzig zubereitet sein. Pfeffer, Salz und besonders Tabascosoße sind auf der ISS äußerst beliebt.

Luftkonvektion, weil warme wie kalte Luft schwerelos ist. Daher steigt kein warmer Duft von heißen Speisen auf. Kaffee schmeckt im Weltraum einfach nur bitter und duftet nicht, weshalb selbst eingefleischte Kaffeefans dort oben keinen mehr anrühren. Hinzu kommt, dass wegen des *puffy face* (siehe S. 101), also der vermehrten Ansammlung von Körperflüssigkeit im Kopf, die Nase verstopft ist. Daher haben Raumfahrende stets ein kleines Fläschchen abschwellendes Nasenspray bei sich, sogar die *Apollo*-Astronauten nutzten schon ein solches. Mit einem geschwollenen Kopf – einschließlich Mund und Nase – ist es wie mit einem Schnupfen: Alles schmeckt weniger intensiv. Daher müssen auf der

Speisen gehen auch Freestyle: Hier eine handgemachte Tortilla, zusammengestellt aus verschiedenen fertigen Beuteln.

Erde die Speisen besonders würzig zubereitet werden. Trotzdem sind auf der ISS Pfeffer und Salz (aufgelöst in Öl und Wasser), und besonders Tabascosoße äußerst beliebt.

Die Zubereitung der Speisen findet lange vor der Mission statt, und diese müssen im Weltraum Monate halten. Daher werden Lebensmittel wie Makkaroni mit Käse oder Spaghetti- und Reisspeisen durch Gefriertrocknung dehydriert und danach in Plastikbeuteln vakuumiert. Zum Essen muss man den Beutel in einer Rehydrier-Einrichtung mit heißem oder kaltem Wasser befüllen und dann etwa 15 Minuten warten – wenn es schnell gehen soll auch durchkneten –, bis alles voll Wasser gesogen ist. Zum Warmhalten in dieser Zeit wird ein Koffer mit elektrisch beheizter Innenplatte verwendet, auf die man die Beutel klemmt. Zum nochmaligen Aufwärmen dienen ein US-Konvektionsofen und eine russische Aufwärm-

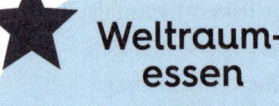

Weltraumessen

Inzwischen lässt die ESA für ihre Astronauten spezielles gewünschtes Essen von Sterneköchen produzieren. Auch der deutsche Dreisternekoch Harald Wohlfahrt wurde schon engagiert. Neu für ihn war: Zwiebeln sind tabu!

Zum Rehydrieren wird der Stutzen des Plastikbeutels in eine Aussparung gesteckt und durch Drücken des weißen (heißes) oder blauen Knopfs (kaltes) mit Wasser befüllt.

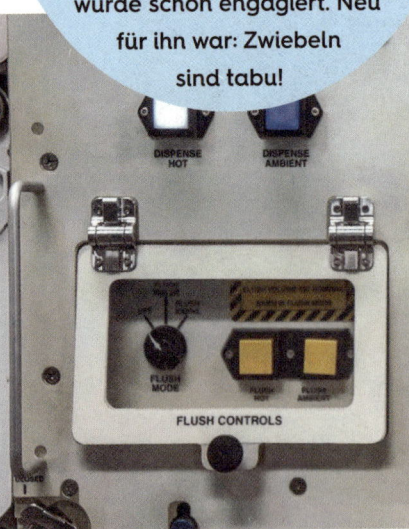

Samanthas Espresso auf der ISS

Aufgegossener Pulverkaffee aus der Alutüte?! Den gab es lange Zeit auf der ISS, bis die italienische ESA-Astronautin Samantha Cristoforetti darauf bestand, dort frisch gebrühten Espresso zu bekommen. Also wurde für sie in Italien von der Firma Lavazza eine sogenannte ISSpresso-Maschine entwickelt. Als Samantha im November 2014 auf die ISS kam, war die ISSpresso aber noch nicht da. Erst im Mai 2015, einen Monat vor Cristoforettis Rückkehr, wurde die Maschine eingeweiht. Das Besondere daran: Für sie wurde ein durchsichtiger Kaffeebecher offiziell als »Kapillar-Getränke-Experiment« mitentwickelt, der per Kapillarwirkung auch in der Schwerelosigkeit funktioniert. Leider wurde aus unbekannten Gründen die ISSpresso im Dezember 2017 wieder von der ISS entfernt.

So kommt der Espresso aus der ISSpresso.

Endlich, die Lavazza ISSpresso-Maschine ist auf der ISS.

Der Kaffee muss in den neuartigen Kaffeebecher umgefüllt werden.

Dann erst kann man den Espresso mit Kaffeeduft auf der Cupola der ISS genießen.

einrichtung durch Wärmekontakt. Einen Kühlschrank gibt es nicht. Zum Essen wird der Beutel mit einer Schere kreuzweise aufgeschnitten (siehe S. 64) und mit einer Gabel – oder besser noch mit einem Löffel, an dem mehr hängen bleibt – gegessen.

Etwas beliebter sind sogenannte thermostabilisierte Speisen, weil sie essensfertig sind. Sie werden gleich nach der Zubereitung in farbige Alubeutel abgefüllt und dann zum Abtöten der Keime nur kurz ultrahocherhitzt. Der Nachteil für die NASA ist, dass sie wegen des Wassers viel schwerer sind als die superleichten gefriergetrockneten Plastikbeutel. Das kostet mehr Geld für Transport, denn jedes Kilo zur ISS zählt. Wasser gibt es inzwischen an Bord der ISS durch Wiederverwertung genug, selbst aus Urin wird über eine Elektrolyseeinrichtung wieder Trinkwasser. Guten Appetit!

Trinken geht natürlich nicht wie auf der Erde mit einem Glas – da fließt in der Schwerelosigkeit nämlich nichts raus. Dafür gibt es die silbernen Alubeutel mit Trockenpulver von Früchten oder Kaffee. Zum Befüllen mit Wasser steckt man auch die in den Rehydrierer. Danach kräftig Durchwalken, sonst bleiben Klumpen. Durch Zusammendrücken des Alubeutels trinkt man mit einem Plastikstrohhalm, der sich mit einem Clip wieder verschließen lässt. Übrigens hat jedes Teil auf der ISS, selbst Filzstifte, ein Stück Klettverschluss zum Anheften, und natürlich befinden sich auf der ISS überall Gegenstücke dazu.

Die Weltraumtoilette

Eines ist klar: Eine Toilette kann in der Schwerelosigkeit nicht so funktionieren wie auf der Erde. Also nix mit Wasserspülung. Wie dann? Darüber hat man sowohl in Amerika als auch in der Sowjetunion viel und lange nachgedacht, ausprobiert und dabei viel Entwicklungsgeld versenkt. Schließlich kam man auf dieselbe Lösung: Luftspülung. Die Umsetzungen waren technisch aber ziemlich unterschiedlich. Weil die russische Lösung einfacher und günstiger und dabei trotzdem flexibler war, hat sich die auf der ISS durchgesetzt. Ein weiterer wichtiger Gesichtspunkt bei der Toilettenfrage: Urin enthält viel Wasser, und jeder Tropfen Wasser ist dort oben kostbar und muss daher wiedergewonnen werden, selbst wenn es zunächst unappetitlich klingt. Das bedeutet,

Der Toilettenraum an Bord der ISS mit russischer Toilette für das kleine (langer Schlauch mit Stutzen) und das große Geschäft (rechts unten)

Der zentrale Teil der Toilette mit Deckel (oben), Luftansaugung (links) und auswechselbarem Auffangkanister aus Aluminium (unten)

Gut zu wissen

Wie man auf die Toilette geht

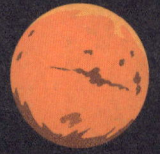

Bei uns auf dem Space-Shuttle hatte das Ansaugloch der Toilette nur einen Durchmesser von etwa zwölf Zentimetern: zu klein, um auf Anhieb zu treffen. Daher gab es bei der NASA damals ein Toilettentraining, das in keinem Trainingsplan verzeichnet war, da zunächst »trocken« und direkt danach »nass« trainiert werden musste. Zunächst trocken: Man konnte seine korrekte »mittige« Position selbst über einen Monitor vor sich kontrollieren. Dazu war eine Kamera im Ansaugloch installiert. Erst danach begab man sich zur vollwertigen Nasstrainingseinrichtung direkt daneben. Dort durfte natürlich nichts schiefgehen.

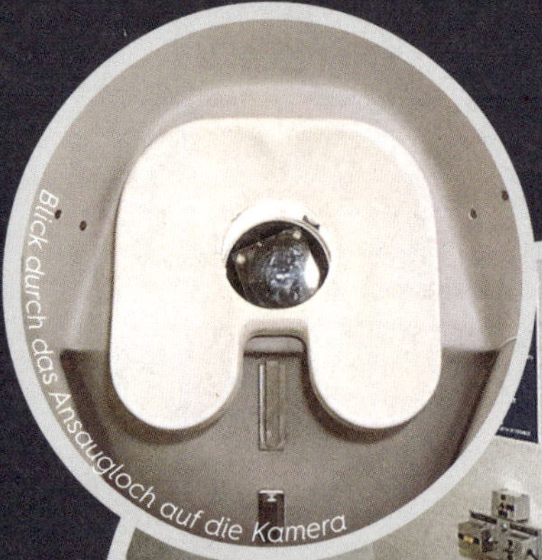

Blick durch das Ansaugloch auf die Kamera

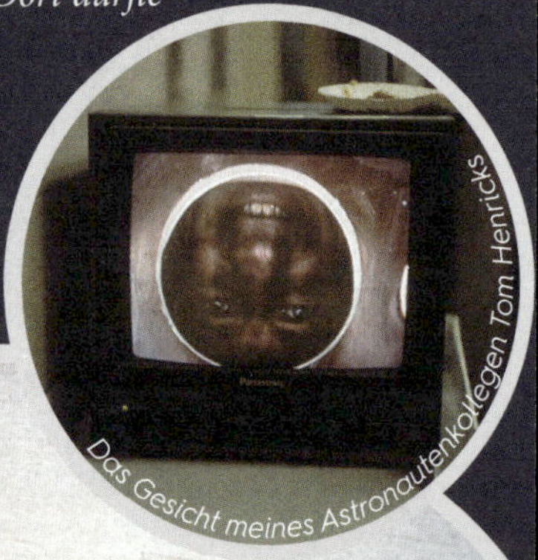

Das Gesicht meines Astronautenkollegen Tom Henricks

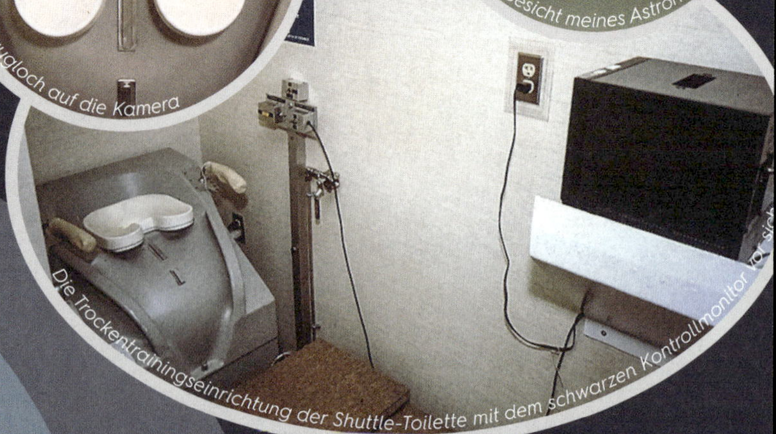

Die Trockentrainingseinrichtung der Shuttle-Toilette mit dem schwarzen Kontrollmonitor vor sich

dass kleine und große Geschäfte getrennt voneinander erledigt werden müssen.

Für das kleine Geschäft gibt es einen langen Schlauch mit einem gelben zylindrischen Stutzen. Zuerst muss man einen Schalter umlegen, der einen Motor in Gang setzt, welcher über den Schlauch einen Luftsog am Stutzen erzeugt. Den weiteren Vorgang überlasse ich Ihrer Fantasie. Aber Achtung! Es ist ungünstig, wenn der Körper dabei driftet und irgendwo an eine Wand schlägt.

Das gilt erst recht für das große Geschäft. Dazu muss zuerst die Klappe der Toilette geöffnet werden. Darunter erscheint ein weißer Sitz mit kreisrunder Öffnung von etwa 20 Zentimetern Durchmesser. Das ist zwar viel kleiner als eine irdische Klobrille, doch der Durchmesser darf nicht größer sein. Der Luftsog durch diese Öffnung muss nämlich stark genug sein, um alles mit sich zu reißen, was sich dort befindet. Das Mitgerissene sammelt sich nun von unten nach oben in dem darunter befindlichen Auffangkanister aus Aluminium, während die Luft seitlich über einen Luftansaugschlauch abgeleitet wird. Wenn der Kanister voll ist, wird er abgeschraubt und gegen einen leeren ausgetauscht – neue Kanister sind bei jedem Frachtversorgungsflug zur ISS dabei. Der volle Kanister wird, wie überhaupt alles Überflüssige, im ausgeräumten Frachter verstaut. Ist er mit Müll voll, wird er von der ISS abgedockt und verglüht danach in der Atmosphäre – keine Sorge: immer vollständig.

Sport im Weltall

Wie bereits in Kapitel 3 (siehe S. 103) beschrieben, verlieren Raumfahrer in der Schwerelosigkeit vom ersten Tag an konstant Muskeln und Knochen, pro Flugmonat im Mittel 1,6 Prozent Oberschenkel- und etwa 0,35 Prozent Gesamtkörperknochenmasse. Man leidet also unter langsam zunehmender Osteoporose. Über die nur rund zehn Tage, die Welt-

Das Laufband ist auf der ISS das meistbenutzte Sportgerät, und das aus gutem Grund, denn die Beinknochen bauen sich am schnellsten ab

raumtouris im Weltraum sind, wirkt sich das kaum aus. Wer faul ist, braucht also dort oben keinen Sport zu machen. Außerdem ist Sport auf der ISS wegen möglicher Übelkeitsattacken erst am zweiten Tag nach der Ankunft erlaubt.

Aber die Auswahl an Sportgeräten auf der ISS ist groß, warum nicht mal ausprobieren? Das Laufband ist das meistbenutzte Sportgerät – aus gutem Grund, denn es gilt die Raumfahrtmediziner-Regel »bone follows muscle«. Es bauen sich also nur solche Knochen wieder auf, deren Muskeln auch trainiert werden. Weil die Beinknochen am schnellsten ab-

Das meistbenutzte Trainingsgerät ist das Laufband. Hier die US-Version COLBERT. Das Bild ist bewusst schräg aufgenommen, weil das Laufband vermeintlich an der Wand hängt, denn psychologisch ist »oben« immer dort, wo das Licht herkommt, und »unten« dort, wo es dunkel ist.

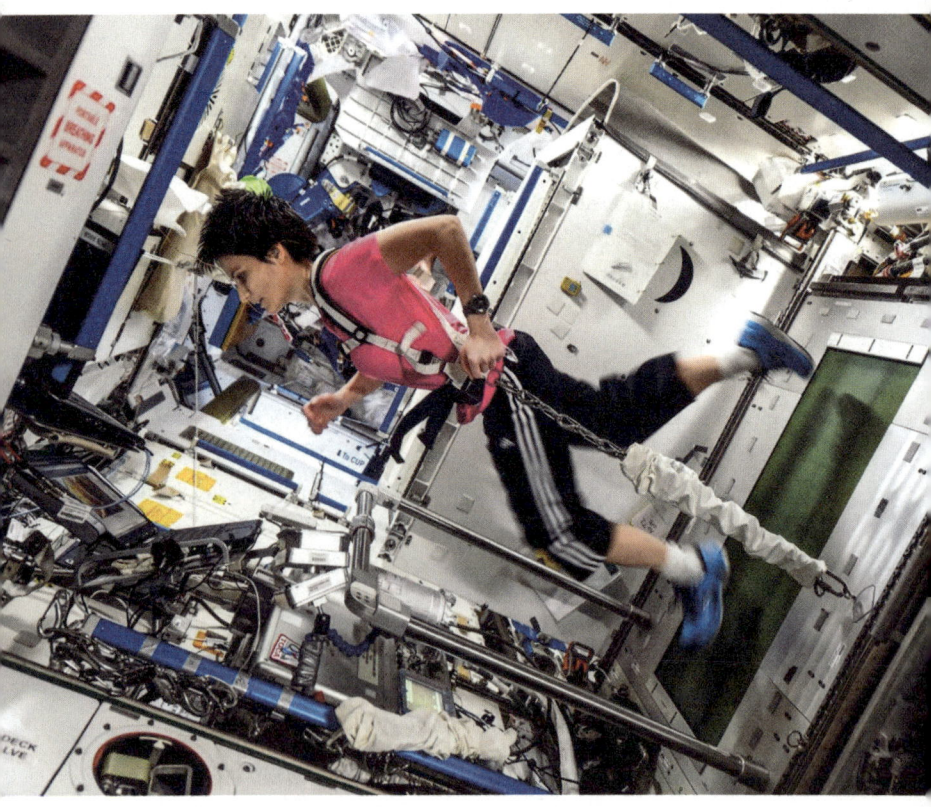

Mit dem ESA-Gerät aRED werden, wie hier gezeigt, durch Gewichtheben gleichzeitig Bein-, Arm- und Schultermuskeln trainiert. Man kann damit aber auch noch andere Muskeln bearbeiten.

bauen, ist Lauftraining am wichtigsten. Damit man beim Laufen nicht abhebt, wird der Körper mit seitlich angebrachten Gummiseilen und der irdischen Körpergewichtskraft auf das Laufband gezogen. Vorgeschrieben sind anderthalb Stunden Training pro Tag. Man kann in dieser Zeit aber auch das ESA-Gerät aRED (*advanced resistive exercise device*) benutzen. Es ist vielseitig einsetzbar und zielt darauf ab, möglichst alle Körpermuskeln zu trainieren.

Wann immer Sie hinunterschauen und Land sehen, wissen Sie, über welchem Erdteil Sie sich gerade befinden, denn jeder von ihnen hat seine charakteristische Färbung.

Freizeitbeschäftigung auf der ISS

Was kann man in seiner Freizeit auf der ISS machen? Für Touris ist eigentlich jede Minute freie Zeit. Das Freizeitangebot ist jedoch beschränkt, denn die ISS ist nicht für Urlaub ausgelegt, sondern für wissenschaftliche Arbeit. Die ganze Raumstation ist eigentlich ein einziges wissenschaftliches Labor, überall sind Schalter und Knöpfe. Daher gilt: Nichts anfassen, was man nicht kennt. Weil Touris viel Zeit haben, war es bisher üblich, dass sie sich beim flugvorbereitenden Training in Houston in einfache Experimente haben einweisen lassen, die sie auf der ISS dann auch mit betreuten. Das ist einfacher, als man vielleicht denkt. Denn für alle Experimente gibt es Prozeduren, die simpel und übersichtlich aufgebaut sind. Mit ein bisschen Gewöhnung, Erfahrung und Training hat man das schnell drauf. Außerdem hilft es, um mit den anderen an Bord in »Fachgespräche« zu kommen. So lernt man sich besser und schneller kennen.

Ansonsten muss man sich mit dem beschäftigen, was auch alle anderen Mitreisenden samstags tun, nämlich putzen und aufräumen. Das ist viel schwieriger, als man denkt, denn Aufräumen kann man nur, wenn man weiß, wo was hingehört. Als Touri hat man davon aber keine blasse Ahnung. Die Übersicht hat nur »der Boden«, also das Missionskontrollzentrum auf der Erde. Es gibt dort Spezialistinnen und Spezialisten, die über jede Benutzung von Werkzeug und anderen Teilen Buch führen, sodass es mindestens eine Person gibt, die weiß, wo was ist und wo es hingehört. Also die Bodenkontrolle fragen und diesen wertvollen Handlangerdienst leisten, denn jeder weiß von zu Hause, wie ärgerlich ein verlegter Gegenstand ist. Es kam bereits vor, dass ein wichtiges Teil erst nach Jahren irgendwo auf der ISS gefunden wurde. Übrigens haben alle Gegenstände auf der Raumstation spezielle Barcodes, die von der NASA bereits in den 1970er-Jahren speziell für dieses Problem entwickelt wurden.

Der Himalaya und Australien sind ein Muss bei Tag, Europa und insbesondere Italien ist dagegen ein atemberaubender Anblick bei Nacht.

Die Aussichtsplattform namens Cupola *auf der ISS. Das runde Fenster zeigt immer Richtung Erde. Die schwarzen Klappen können bei »Weltraummüll-Alarm« zum Schutz der Fenster geschlossen werden.*

Aber das Schönste an der ISS – und deswegen ist man schließlich dort oben – ist der Blick aus dem Fenster auf die Erde. Um den besonders genießen zu können, hat Italien (!) der Raumstation seinerzeit eine Aussichtsplattform gespendet, die sogenannte *Cupola.* Alle ISS-Astronauten werden der italienischen Raumfahrtagentur dafür für immer dankbar sein, denn er ist der mit Abstand beliebteste Platz an Bord. Die *Cupola* hat eine 180-Grad-Rundumsicht und ist so angebracht, dass man immer die Erde im Blick hat.

Eine eigene Kamera darf man auf die ISS nicht mitbringen, weil alle Kameras von der NASA wegen möglicher Ausgasprobleme speziell präpariert und zugelassen werden müssen. Das macht aber nichts, denn dort oben gibt es ohnehin exzellente Kameras mit allen nur denkbaren Brennweiten bis hin zum Supertele. Nach der Mission bekommen alle Mitreisenden sämtliche Bilder, die mit den Kameras an Bord geschossen wurden. Eine Schwierigkeit beim Betrachten der Erde besteht darin, dass man nie weiß, was man da unten eigentlich genau

sieht. Daher sollte man sich einen der Laptops schnappen, der den aktuellen Standort der ISS auf einer Karte anzeigt sowie die Richtung, in welche sie fliegt. Man weiß dann nicht nur, was sich gerade unter einem befindet, sondern auch (ganz wichtig) in welcher Ausrichtung man zum Beispiel eine bestimmte Stadt sieht und was als Nächstes kommt. Erst mit diesen Eckdaten kann man beginnen, nach bestimmten Orten und Objekten zu suchen, sonst würde man zum Beispiel die Akropolis

in Athen gar nicht finden. Nach ein paar Tagen hat man die Erde jedoch zumindest so gut kennengelernt, dass man die Erdteile anhand
ihrer charakteristischen Färbung unterscheiden kann.

Überhaupt ist es gut, wenn man sich vor der Mission mit der Geografie
der Erde genau vertraut macht und vorher plant, was man unbedingt
sehen möchte. Erst mit so einem Plan weiß man, wann man sich in die
Cupola begeben muss. Übrigens wechseln sich dort oben Tag und Nacht

Alexander Gerst mit einer Super-telekamera in der Cupola

Beer Sites

Von manchen Stellen lassen sich extrem schwer gute Bilder machen. Daher hatte die NASA bei Shuttle-Missionen sogenannte *beer sites* ausgelobt. Wem ein gutes Bild davon gelang, bekam später einen Kasten Bier.

alle 45 Minuten ab. Man muss also bei der Planung auch berücksichtigen, was man bei bei Tag und was bei Nacht sehen will. Der Himalaya und Australien sind ein Muss bei Tag, Europa – insbesondere Italien – ist dagegen ein atemberaubender Anblick bei Nacht. Und noch etwas: Für manche Stellen braucht man viel Geduld, die Wolken erschweren nämlich die Bilderjagd.

Persönliche Hygiene

Wie funktionieren Waschen, Duschen und Zähneputzen auf einer Raumstation? Manches geht nicht, manches geht (aber anders), und bei allem gilt: nur mit möglichst wenig Wasser. Allein deswegen gibt es auf keiner Raumstation eine Dusche – zu hoher Wasserverbrauch. Schlimmer noch: Stellen Sie sich vor, Sie stehen dort oben unter einer Dusche und ertrinken, weil das Wasser nicht abläuft und Ihren Kopf einhüllt! Die NASA hatte in den 1980er-Jahren so eine Dusche auf einem Parabelflug einmal ausprobiert und für zu kompliziert befunden. Zum Duschen bräuchte man drei Hände: eine, um den Duschkopf auf alle

Die NASA testete eine Schwerelosigkeitsdusche auf einem Parabelflug in den 1980er-Jahren. Zwei Hände reichen zum Duschen da nicht.

Körperteile zu richten, eine, um mit einem Saugkopf alles wieder abzusaugen, und eine dritte, um sich einzuseifen. Daher geht das auf Raumstationen folgendermaßen, und so machen es alle: Man nimmt ein Handtuch und befeuchtet die Mitte leicht mit einer Spritzpistole. Darauf gibt man etwas flüssige Seife und reibt mit dem Handtuch den ganzen Körper ab. Dann nimmt man ein zweites feuchtes Handtuch, diesmal ohne Seife, mit dem man die Seife mit dem Schmutz vom Körper entfernt. Das erste Handtuch kommt anschließend in die Schmutzwäsche, das zweite hängt man zum Trocknen auf und benutzt es beim nächsten Mal zum Einseifen. Mit einem dritten Handtuch trocknet man den Körper ab und hängt es ebenfalls zum Trockenen auf; damit entfernt man beim nächsten Mal die Seife. Jedes Handtuch wird also drei Mal verwendet.

Eine lange Haarpracht macht sich in der Schwerelosigkeit besonders schön (hier Astronautin Masha Irvins), muss aber gewöhnlich zusammengebunden werden, sonst geraten die Haare irgendwann in einen der vielen Zwangsentlüfter auf der ISS.

Zähneputzen ist kein Problem: etwas Wasser in die Borsten, Zahncreme obendrauf und Zähne putzen. Aber was macht man mit dem Schaum im Mund? Manche schlucken ihn einfach runter. Man kann ihn aber auch ins Handtuch spucken, das sowieso in die Schmutzwäsche kommt. Rasiert wird mit einem normalen Rasierapparat. Da die Bartschnipsel hinter dem Scherblatt bleiben, machen die keine Probleme. Auspusten

An Bord der ISS gibt es ein elektrisches Haarschneidegerät mit Schnipsel-Absaugvorrichtung

sollte man aber tunlichst unterlassen! Für die Kopfbehaarung gibt es zwar ein elektrisches Haarschneidegerät mit Schnipsel-Absaugvorrichtung auf der ISS, aber braucht man so etwas für zehn Tage wirklich? Frauen mögen sich fragen, ob sie einen BH mitnehmen sollten. Eigentlich nicht, den Push-up braucht frau in der Schwerelosigkeit nicht. Es ist eher umgekehrt: Ohne BH könnte das in der Schwerelosigkeit ungewöhnlich aussehen, weshalb manche einen mitnehmen, um stattdessen leicht wieder nach unten zu korrigieren.

Schlafen

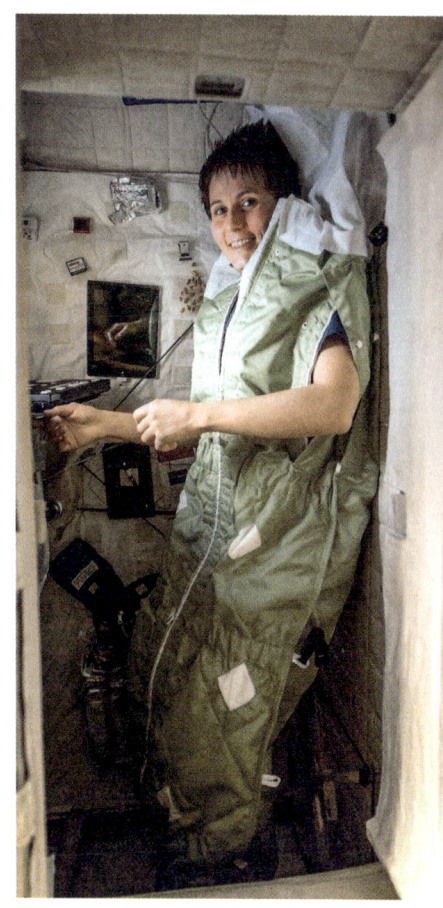

Es gibt für alle einen festen Zeitplan auf der ISS: 6:00 Uhr aufstehen, danach Toilette, 7:30 Uhr Tagesplanungskonferenz, 7:45 Uhr Arbeitsbeginn, 12:00 Uhr bis 13:00 Uhr Mittagessen, 19:30 Uhr Arbeitsende, danach Zeit zur freien Verfügung, 21:30 Uhr ist offiziell Schlafenszeit.

Schlafen in der Schwerelosigkeit ist ziemlich anders als auf der Erde. Das beginnt bereits mit dem Bett, denn so etwas gibt es dort oben natürlich nicht. Jeder hat einen Schlafsack mit Reißverschluss vorne, durch den man einsteigt, und zwei Schlitzen für die Arme an den Seiten. Außerdem gibt es eine Kopfhaube, deren einziger Sinn es ist, den Kopf nach hinten auf ein Polster zu drücken, denn nichts ist beim Schlafen unangenehmer als ein herumbaumelnder Kopf.

ESA-Astronautin Samantha Cristoforetti mit Schlafsack in ihrer Koje

Gute Nacht

Zum Einschlafen hilft sowohl auf der Erde als auch dort oben ein starrer Tagesrhythmus. Außerdem: Wer tagsüber hart arbeitet, »fällt« auch dort oben todmüde ins Bett.

Die letzte Stunde vor dem Schlafen verbringt die ISS-Besatzung meist in ihrer eigenen Koje, wo sie noch auf dem Laptop E-Mails lesen und schreiben, sich ein Video ansehen oder Musik hören. Wenn es mehr Personen als Kojen an Bord gibt, was bei Kurzbesuchen meist der Fall ist, dann befestigen die Besucher ihren Schlafsack irgendwo in der ISS oder schweben zurück in ihr Raumfahrzeug und suchen sich dort ein Plätzchen.

Kann man dann gut schlafen? Schlaf in der Schwerelosigkeit ist anders als auf der Erde, denn die Psyche spielt beim Schlafen eine große Rolle. Ein guter Schlaf braucht ein Gefühl von Geborgenheit. Das Bett auf der Erde steht gewöhnlich nicht in der Mitte des Schlafzimmers, sondern am besten in der Ecke gegenüber der Tür. Und erst mit dem kuscheligen Gefühl einer Decke lässt sich wirklich gut schlafen. Anders in der Schwerelosigkeit: Dort schwebt man im Schlafsack, nichts berührt einen – man fühlt sich der Welt ausgeliefert. Die Enge der Koje, die Tatsache, dass man gleich an etwas stößt, sobald man sich bewegt … all das ist nicht gut für einen geruhsamen Schlaf. Daher schlafen die meisten auf der ISS schlecht und nehmen ab und zu Schlaftabletten.

Unvergessliche Momente

Welches sind die drei beeindruckendsten Momente, die man von einer Mission in Erinnerung behält? Das werde ich oft gefragt. Meine Antwort fällt nicht schwer: Da ist als Erstes der Start ins All. Eine *Falcon 9* entwickelt in den ersten drei Minuten eine Leistung von knapp zehn Gigawatt, also rund 13 Millionen PS. Diese Wucht lässt die Rakete beim Start erbeben und schiebt die 550 Tonnen Raketengewicht mit so einer Kraft nach oben, dass man anfangs mit 2,4 g in den Sitz gedrückt wird, kurz vor Brennschluss der ersten Stufe sind es etwa 4,5 g. Diese Beschleunigung, zusammen mit dem Wissen, dass man dieser Gewalt ohnmächtig ausgeliefert ist, macht das Ganze zu einem Höllenritt, der für immer in Erinnerung bleibt.

Lift-off der bemannten Demo-2-Mission mit der Falcon 9-Rakete am 30. Mai 2020

Die Beschleunigung beim Start und das Wissen, dass Sie dieser Gewalt ohnmächtig ausgeliefert sind, machen das Ganze zu einem Höllenritt, der für immer in Erinnerung bleibt.

Zweitens wäre da der unbeschreiblich schöne Blick auf die Erde. Als sich bei der Ankunft des deutschen Astronauten Matthias Mauer im November 2021 die Luke zur ISS öffnete und die Besatzung ihn begrüßen wollte, verschwand er erst einmal aus dem Kamerabild und kam erst Minuten später zurück. Auf die Frage, wo er denn gewesen sei, antwortete er: »Ich wollte unbedingt erst einmal die Erde von oben sehen.« So habe ich das auf meiner Mission auch gemacht, und ich denke, das wollen alle – mit Recht.

Doch schaut man beim ersten Mal erwartungsvoll hinaus, dann sieht man wahrscheinlich … Wasser. Nichts als tiefblaues Wasser! Unser alltägliches Erleben, nach dem die Erde praktisch nur aus Land besteht, wird zutiefst erschüttert. Zwei Drittel der Erdoberfläche sind Wasser und eben nicht Land! Dazu verschleiern strahlend weiße Wolkenformationen kunstvoll das Blau des Meeres. Man könnte meinen, die Erde im Weltraum – eine Komposition aus Blau und Weiß vor dem pechschwarzen Hintergrund des Alls – sei einer bayerischen Laune entsprungen.

Jetzt sieht man auch erstmals, was es wirklich bedeutet, dass der Durchmesser der Erde 12 750 Kilometer beträgt, während die Atmosphäre nur etwa 20 Kilometer »dünn« ist. Bei diesem ins Auge springenden Größenvergleich erscheint unsere irdische Schutzhülle wie eine Reifschicht – so zerbrechlich, dass man glauben könnte, der geringste Windhauch genüge, um sie einfach wegzufegen, und jede kleinste Beeinflussung hinterließe schwere Kratzer. In dieser zarten Schicht spielt sich all das ab, was wir Leben nennen. Es ist ein Balanceakt zwischen der mächtigen, undurchdringbaren Erdmasse und – ein Blick zur Seite genügt – dem lebensfeindlichen Nichts des Alls! Und die Menschheit bewohnt noch nicht einmal die ganze Erde. Der Mensch ist lediglich eine Art unscheinbares Bakterium in einer die Erde umspannenden Seifenblase, im unendlichen Meer des Universums.

Nach einigen Tagen kennt man jedoch »seine« Erde und beginnt Zusammenhänge zu sehen, übergreifende Eigenschaften, die man vorher nie erwartet hätte. Man hat beispielsweise gelernt, Kontinente an ihren Farben zu erkennen. Wann immer man hinunterschaut und Land sieht, weiß man, über welchem Erdteil man sich gerade befindet, denn jeder von ihnen hat seine charakteristische Färbung. Südamerika etwa ist dunkelgrün. Die Farbe des Regenwalds beherrscht diesen Kontinent. Afrika mit seiner ausgedehnten Sahara-Wüste und den angrenzenden Steppen und Savannen präsentiert sich in einem ockerbraunen Ton, während Australien ein tiefes Purpurrot ist. Indonesien mit seinen vielen Inseln, dessen Regenwald stets im Dunst liegt, offenbart ebenfalls ein dunkelgrünes Farbenmeer. Und Europa? Im Süden dominiert noch ein freundliches Hellbraun, ansonsten zeigt er sich vor allem graugrün – sollten die ebenso trostlosen Wolken ausnahmsweise einmal den Blick auf den Boden freigeben. Und hier beginnt man erstmals, die einfache, aber zutreffende astronautische Faustregel abzuleiten: Dort, wo der Mensch nicht leben kann – in den Eis- und Sandwüsten –, ist die Welt wunderschön. Dort, wo der Mensch in großer Zahl lebt beziehungsweise leben kann, ist die Welt hingegen oftmals ein wenig langweilig.

Schließlich bleibt als dritter beeindruckendster Moment noch das unvergessliche Gefühl der Schwerelosigkeit. Meist erst nach zwei bis drei Tagen, nachdem sich der Körper an die Schwerelosigkeit gewöhnt und man etwas mehr Muße hat, kann man diesen Zustand genießen. Was empfindet man in diesem Zustand? Man schließt die Augen und zunächst fällt auf, dass etwas Wichtiges fehlt. In welchem Bezug zur Umgebung befindet man sich gerade? Wo ist die Decke mit den Lampen und wo der Boden? Man weiß es nicht mehr. Man hat auch kein Gefühl mehr dafür – und ein Oben und Unten gibt es ja tatsächlich nicht mehr! Diese fehlende Beziehung änderte mein Empfinden während meiner Mission radikal. Ich fühlte mich nicht mehr in eine Welt eingebettet, die

Die Atmosphäre, unsere irdische Schutzhülle, erscheint mit ihren 20 Kilometern Dicke wie eine hauchdünne, zerbrechliche Reifschicht.

mich gerade noch umgab, sondern alles Sein reduzierte sich nur noch auf mich. Wie kann es etwas anderes geben, zu dem ich keinerlei Beziehung mehr habe? Und selbst wenn es da irgendwo etwas gibt, ist es dann nicht dasselbe, als wenn es das nicht gäbe? Ich hatte das elementare Gefühl, allein zu sein. Ich bin die Welt – sonst nichts!

Diese Hinwendung auf das Ich ließ mich nur noch mehr in mich hineinhorchen. Was hat sich an mir geändert? Mir fiel auf, dass mich nichts mehr belastete. Die Kleidung, die einen immer noch wärmte, schwebte wie eine Hülle um den eigenen Körper und lag fast nirgendwo mehr auf, denn auch sie ist schwerelos. Es war für mich so eigenartig und ungewöhnlich, dass ich mit den Schultern ein wenig wackelte, um zu fühlen, ob die Kleidung noch da war. Aber nicht nur die Last der Kleidung fehlte, auch die Last des eigenen Körpers war verschwunden. Kein Köperdruck mehr auf die Fußsohlen beim Stehen oder auf den Allerwertesten beim Sitzen. Die Arme lagen nirgendwo auf wie sonst immer. Es war schon eigenartig: Erst in dieser Situation, da man absolut nichts mehr vom Körper verspürte, erkannte ich, welchen Belastungen er auf der Erde wirklich ausgesetzt ist, obwohl es doch genau umgekehrt sein sollte! Nach dieser Erfahrung wird mir heute das kaum spürbare Herunterhängen der Wangen bewusst. Und dieses leichte Schmetterlingsgefühl in meiner Magengegend ist, wie ich heute weiß, das Ziehen der Eingeweide unter dem Einfluss der Erdschwere. In der Schwerelosigkeit ist einfach absolut nichts mehr davon da. Man ist im wahrsten Sinne des Wortes vollkommen unbeschwert.

Vollkommen unbeschwert. Woran merkt man dann eigentlich noch, ob man einen Körper hat, wenn nicht an diesen äußeren Eindrücken? Meine eigene Antwort war verblüffend: Es schien so, als gäbe es ihn tatsächlich nicht mehr! Nichts, aber auch gar nichts, deutete mehr auf ihn hin. Eigenartig, ein Sein ohne Körper! Aber was war denn dann noch das, was ich als mein Sein empfand? Auf der Erde hatte ich meinen Körper,

Der Mensch ist lediglich eine Art unscheinbares Bakterium in einer die Erde umspannenden Seifenblase, im unendlichen Meer des Universums.

Ich im Spacelab auf meiner STS-55-Mission im Jahre 1993

und im Nachhinein erst merkte ich, wie ich in der Erdschwere mein eigenes Sein doch nur über die Erfahrung des eigenen Körpers definierte. Ich wackelte leicht mit den Schultern und tippte mit beiden Daumen auf die Zeigefinger. Jawohl, da war er noch – da war ich noch! Doch nun, ohne ihn, bin ich noch da? Natürlich war ich noch da, ich spürte es, sonst hätte ich mir diese Frage gar nicht stellen können! Aber genau das ist es! Das Einzige, was mir blieb, was mich ausmachte, war das Denken. Ich denke, also bin ich! Das war meine Erfahrung, und das ist das Besondere an der Schwerelosigkeit: Sie reduziert, auf einen selbst, auf den Geist.

Weltraumreisen morgen

Weltraumhotels

Der Gedanke an Weltraumhotels mag uns in Europa abwegig erscheinen. Hotels im Weltraum nur für Touristen? Aber ja, es wird sie geben, und mehrere amerikanische Raumfahrtunternehmen arbeiten bereits an verschiedenen derartigen Projekten. Der Aufbaubeginn des ersten ist für Ende 2025 geplant. Weil aber die meisten öffentlichen Medien in Deutschland Raumfahrttourismus ablehnen, da dieser den Weltuntergang durch noch mehr CO_2 vermeintlich wesentlich beschleunige (siehe dazu S. 79), wird darüber kaum berichtet. Dabei reicht ein Überflug mit der ISS über Deutschland von genau 70 Sekunden Dauer (USA: neun Minuten, China: siebeneinhalb Minuten), um zu verstehen, welche bescheidene Bedeutung Deutschlands Meinung in der Welt hat. Ein anderer Vergleich: Nur jeder hundertste Mensch der Weltbevölkerung ist Deutscher.

Weltraumhotels – wo werden die eigentlich »liegen«? Sie werden ziemlich genau dort die Erde umkreisen, wo die zwei heutigen Raumstationen, nämlich die ISS und die chinesische Raumstation *Tiangong*, heute auch schon kreisen, nämlich in

In 400 Kilometern Höhe umkreisen Sie die Erde ziemlich genau einmal in 90 Minuten, sind also 45 Minuten auf der Tagseite und 45 Minuten auf der Nachtseite.

etwa 400 Kilometern Höhe. Diese Höhe ist gerade für Touristen ein perfekter Kompromiss zwischen der Erwartung, mit bloßem Auge möglichst feine Details auf der Erde erkennen zu können, und andererseits einen möglichst großen Überblick über die Erde zu haben.

In 400 Kilometern Höhe umkreist man die Erde ziemlich genau einmal in 90 Minuten, ist also 45 Minuten auf der Tagseite und 45 Minuten auf der Nachtseite. Beides ist gleichermaßen faszinierend – man mag gar nicht schlafen gehen. Was die Wenigsten wissen: Würde sich die Erde nicht drehen, dann würde man bei jedem Umlauf immer dieselben Gegenden unter sich sehen. Es ist nämlich nicht so, dass man mit einer Raumstation immer andere Orte der Erde überfliegt, sondern erinnert eher an ein Ferkel am Grill: Wenn man lange genug oben ist, sieht man nur deswegen irgendwann jeden Teil der Erde, weil sich nach jeder Umrundung das »Ferkel Erde« unter einem ein wenig weitergedreht hat.

Eine kurze Geschichte der Weltraumhotels

Die Idee, eine Raumstation für längere Aufenthalte zu bauen, geht zurück auf den österreichischen Offizier Herman Potočnik. Dieser veröffentlichte unter dem Pseudonym Hermann Noordung im Jahre 1928 ein Buch, in dem er eine konkret ausgearbeitete Raumstation vorschlug, die rotieren sollte, um damit auch künstliche Schwere zu erzeugen. In den 1950er-Jahren wurde die Idee von Wernher von Braun weiterverfolgt und in populärwissenschaftlichen Büchern veröffentlicht. In den 60er-Jahren hingegen war man nur an Mondflügen interessiert. Erst nachdem die Sowjetunion in den 70ern schon mehrere kleinere militärische *Saljut*-Stationen im Orbit hatte, machten sich die USA in den 80er-Jahren an die Entwicklung einer großen Raumstation. Ihnen kam die Sowjetunion mit der großen Mir-Station zuvor, worauf die Amerikaner anfangs alleine, dann zusammen mit Russland, die heutige ISS entwickel-

Das erste Konzept eines Weltraumhotels von der japanischen
Firma Shimizu Corporation aus
dem Jahre 2000

ten. Die Idee einer rotierenden Station setzte sich bislang allerdings nirgendwo durch, weil eine solche viel zu groß und damit zu teuer würde. Außerdem zeigte die Erfahrung, dass Schwerelosigkeit selbst über Monate hinweg kein großes Problem für Menschen ist.

Bis auf die *Saljut*-Stationen dienten bis dahin alle Raumstationen wissenschaftlichen Zielen. Erst im Jahre 2000 stellte die japanische Firma Shimizu Corporation das Konzept eines reinen Weltraumhotels der Öffentlichkeit vor. 64 Gäste- und 40 Personalmodule sollten einen Ring mit 140 Metern Durchmesser bilden, der sich pro Minute drei Mal um die Achse dreht, wodurch 0,7 g erzeugt werden. In der auf die Spitze gestellten Pyramide darunter sollten sich eine Empfangshalle, Restaurants und Vergnügungseinrichtungen befinden. Weit darunter gäbe es eine Plattform, an der Raumfahrzeuge mit den Touristen, aber auch Versorgungsfrachter andocken würden. Alles zusammen hätte eine Masse von 8000 Tonnen und wäre über einen 240 Meter langen runden Aufzugsschacht miteinander verbunden. Von diesem Weltraumhotel aus sollte es regelmäßig Ausflüge zum Mond geben.

Die Medien weltweit waren fasziniert. Aber allein die veranschlagten Kosten von damals geschätzten 28 Milliarden US-Dollar ließen alle Träume platzen. Die nächsten Ideen kamen erst wieder nach der Rede des US-Präsidenten George Bush im Januar 2004 auf, in der er von der NASA die Förderung der Kommerzialisierung des erdnahen Raumes forderte und dafür auch Geld bereitstellte. Dies war der Anfang der neuen kommerziellen Raumfahrtära, die weltweit unter dem Namen *NewSpace* bekannt wurde.

Doch eine Raumstation aus dem Nichts im All aufzubauen ist extrem aufwendig und teuer. Als Erster versuchte es der Besitzer der US-Hotelkette Budget Suites of America, Robert Bigelow. Er übernahm die Idee eines aufblasbaren Wohnmoduls namens *TransHab* von der NASA, gründete das Unternehmen Bigelow Aerospace und entwickelte im Auf-

Herman Potočnik

Der 1892 in Pula im heutigen Kroatien geborene österreichische Offizier war Visionär und Pionier der Raumfahrt. Mit seinem Pseudonym war er sogar Namenspate für einen Asteroiden: Er heißt 19612 Noordung.

Ein maßstabsgetreues Modell einer Raumstation von Bigelow Aerospace bestehend aus unterschiedlichen BEAM-Modulen in der Testhalle in Nevada

trag und mit Geldern der NASA *TransHab* weiter zum *BEAM*- und später zum *B330*-Modul. Das sollte auf der ISS getestet und darauf basierend später ein kleines (*XBASE*) und schließlich ein großes eigenes Weltraumhotel namens *CSS Skywalker* gebaut werden.

Dieses ehrgeizige Projekt war selbst für einen Hotel-Milliardär eine Nummer zu groß. Angeblich auch wegen schlechten Managements und weil eine geeignete Rakete dafür noch nicht zur Verfügung stand, brach Bigelow mit dem Aufkommen der Covid-19-Pandemie das Projekt ab und entließ im März 2020 alle Mitarbeiter. Es bleibt bis heute unklar, ob und wie Bigelow weitermachen will.

Eine zweite Wende kam am 9. Juni 2019. An diesem Tag erließ auf Druck der US-Regierung die NASA die Direktive zur »Benutzung der Internationalen Raumstation für kommerzielle und Marketing-Aktivitäten«, womit sie natürlich ihren Teil der ISS meinte. Diese Direktive öffnete nicht nur die Tür für private Missionen zur ISS, so wie sie heute stattfinden, sondern auch für die Nutzung der ISS zum Aufbau einer privaten Raumstation.

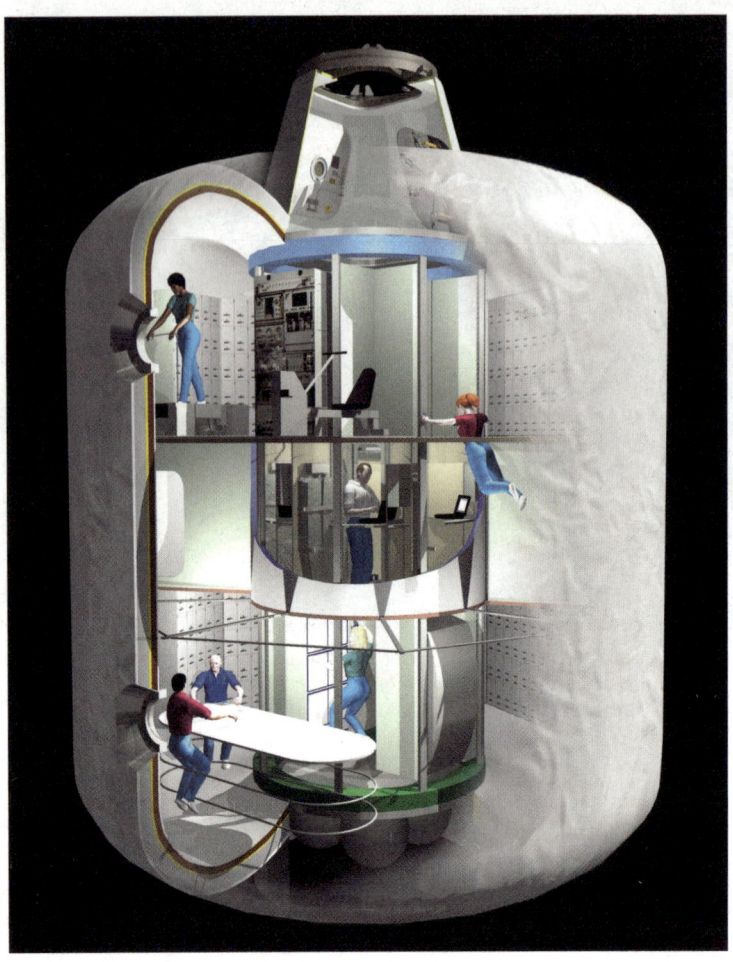

Ein Konzept des TransHab-Moduls der NASA. Es wurde später Vorbild für alle Weltraumhotels mit aufblasbaren Modulen.

Axiom-Station

Der große Profiteur dieser Direktive war Axiom Space. Im Januar 2020 wählte die NASA das Unternehmen aus mehreren Bewerbern aus und erteilte ihm im Februar 2020 einen Auftrag über 140 Millionen US-Dollar, um eine kommerzielle Raumstation zu entwickeln, die zunächst an der Internationalen Raumstation angebracht werden soll. Das Konzept von Axiom sieht vor, ab Ende 2025 die Axiom-Station *AxS* über zweieinhalb Jahre Modul für Modul an der Vorderseite der ISS (bezüglich

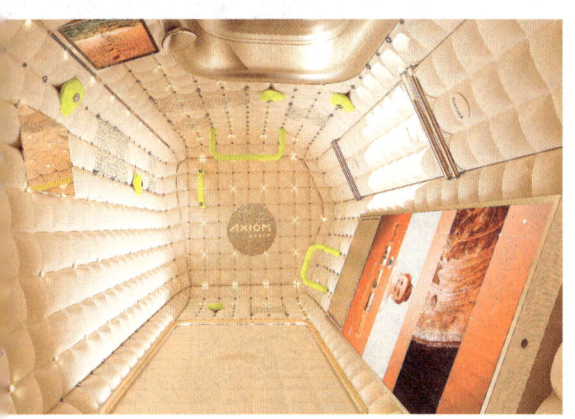

Oben: Spätestens 2030 soll die Axiom-Station AxS freifliegend als Weltraumhotel dienen.

Links: Die Innenein-richtung eines Moduls, gestaltet vom bekann-ten Designer Philippe Starck

ISS-Flugrichtung) aufzubauen. Nach Fertigstellung, aber auf jeden Fall noch bevor die ISS voraussichtlich im Jahre 2030 außer Betrieb genommen wird, löst sie sich dann von dieser, um so eine selbstständige kommerzielle Raumstation zu bilden.

Orbital Reef

Obwohl nicht von der NASA ausgewählt, verfolgen auch die Konkurrenten von Axiom Space weiterhin ihre Entwürfe. Im Oktober 2021 kündigte Blue Origin eine Kooperation mit Sierra Space (eine Tochter der US-Raumfahrtfirma Sierra Nevada Corporation) an. Ziel ist der Bau der Station *Orbital Reef* – ein »Gewerbegebiet mit gemischt genutzten Flächen«, wie Blue Origin es ausdrückte –, die ein Weltraumhotel mit einschließen soll. Daneben soll sie auch Platz für Produktions- und Forschungseinrichtungen bieten. Die NASA bezuschusst den Aufbau der ersten Ausbau-

Ein Aufenthaltsraum mit viel Aussicht auf dem Weltraumhotel Orbital Reef

Oben: Künstlerische Darstellung von Orbital Reef in seinem Kreisorbit um die Erde mit Zentralmodulen sowie seitlich angebrachten Wohn- und Arbeits-Modulen

Unten: Gerenderte Innenansicht eines Aufenthaltraumes auf dem Orbital Reef, mit Zugang zu zwei seitlich angebrachten Modulen links und rechts

Auf Orbital Reef sollen Sie die Möglichkeit zu Weltraumspaziergängen haben.

stufe gemäß dem Space Act Agreement vom Dezember 2021 mit 130 Millionen US-Dollar.

Es basiert auf den aufblasbaren *LIFE-Habitat*-Modulen von Sierra Space. Die Raumstation ist mit 830 Kubikmetern Raum (das entspricht 330 Quadratmetern nutzbarer Fläche) für zehn Personen ausgelegt. Inzwischen haben sich auch viele andere Firmen, darunter Boeing und eine Tochterfirma von Amazon diesem Projekt angeschlossen. Die Besonderheit an *Orbital Reef* ist, dass Blue Origin seine neue große Orbitalrakete *New Glenn*, Boeing ihren *Starliner* und Sierra Nevada Corp. ihren Raumtransporter *Dream Chaser* für bemannte Zubringer und Frachttransporte zur Verfügung stellen werden. Erst das macht einen Betrieb einer Raumstation möglich. Ein interessantes Feature der Stati-

Die Starlab-Raumstation, mit nur einem Modul vorerst als wissenschaftliches Labor geplant. Später könnte die Station mit weiteren Modulen für Touristen ausgebaut werden.

on für Touristen ist die Möglichkeit, Weltraumspaziergänge mit dem *Single Person Spacecraft* (SPS) der beteiligten Firma Genesis Engineering machen zu können. Die Station soll im Jahre 2027 mit der *New Glenn* in die Erdumlaufbahn gebracht werden.

Andere kommerzielle Raumstationen

Bei der NASA gingen bis Ende 2021 elf Vorschläge amerikanischer Raumfahrtunternehmen für den Bau von kommerziellen Raumstationen als Nachfolger der ISS ein. Von denen qualifizierte die NASA neben *Orbital Reef* und der *AxS*-Station von Axiom Space nur noch die der Firmen Nanolabs und Northrop Grumman.

Nanoracks, das mit Voyager Space und Lockheed Martin kooperiert, erhielt von der NASA für die Entwicklung seiner angedachten *Starlab*-Station 160 Millionen US-Dollar. Wie der Name schon andeutet, ist die Station vorerst als wissenschaftliches Labor gedacht. »Obwohl *Starlab*

irgendwann einmal auch Touristen beherbergen könnte, ist es kein Tourismus-First-Projekt«, ließ Nanoracks wissen. Die Station soll 2027 in Betrieb gehen – eine Vorgabe der NASA.

Mit 125,6 Millionen US-Dollar bedachte die NASA die US-Firma Northrop Grumman für ihre angedachte Raumstation, die hauptsächlich für industrielle und universitäre Forschung und Astronautentrainingszwecke gedacht ist, aber sie soll langfristig auch Weltraumtourismus ermöglichen. Einen Namen für diese Raumstation hat Northrop Grumman bisher nicht genannt (Stand Januar 2023).

Wie kommt man zum Hotel ...
und wieder zurück?

Irgendwie muss man zu solchen entfernten Stationen, die mit 28 000 Kilometern pro Stunde um die Erde kreisen, auch hinkommen. Raumtransportunternehmen und Raumfahrzeuge, auch für bemannte Flüge, gibt es bisher einige. Am bekanntesten ist sicherlich das *Crew Dragon-*

Das Dream Chaser-*Raumfahrzeug von Sierra Nevada Corp. wird zurzeit Testflügen unterzogen.*

Das Boeing Starliner-Raumfahrzeug bei seinem zweiten Testflug zum Andocken an die ISS im Mai 2022

Raumfahrzeug der Firma SpaceX von Elon Musk (siehe Welraumreisen heute, S. 137). Es ist das bisher einzige Raumfahrzeug, das regelmäßig und ohne irgendwelche Probleme zur ISS fliegt.

Im Auftrag der NASA entwickelt Boeing zurzeit das sogenannte *Starliner*-Raumfahrzeug (Entwicklungsname CST-100), das nicht vor April 2023 erstmals bemannt fliegen soll. Die Kapsel sieht sehr ähnlich wie die ehemaligen *Apollo*-Kapseln aus, nur etwas größer. Laut Vereinbarung mit der NASA darf Boeing Weltraumtouristen Sitzplätze in der Kapsel anbieten. Boeing ließ verlauten, dass der Sitzplatzpreis pro Passagier »konkurrenzfähig zu dem sein solle, was Weltraumtouristen bei Space Adventures zahlen«, also 35 Millionen US-Dollar aufwärts.

Dream Chaser

Vom *Dream Chaser* von Sierra Nevada Corp. gibt es eine Frachtversion und eine bemannte. Letztere soll erstmals im Jahre 2026 fliegen.

Eine harte Konkurrenz für beide dürfte in Zukunft der sogenannte *Dream Chaser* von Sierra Nevada Corp. werden. Er ist ein sogenannter *lifting body* (im Deutschen Tragrumpf), bei dem die kleinen Flügel und der Rumpf ineinander verschmelzen. Solche Flugkörper haben wegen des zusätzlichen Auftriebs durch die Flügel sehr gute Gleiteigenschaften. Sie ermöglichen es, bei der Rückkehr aus dem Weltraum durch die Atmosphäre punktgenau auf einer Landebahn aufzusetzen. Das erspart Fallschirme und das Bergen des Fahrzeugs aus der See, wie es bei *Crew Dragon* und *Starliner* notwendig ist. Daher ist es das perfekte Fluggerät für Weltraumtourismus. Ich sage ihm dafür eine große Zukunft voraus.

Weltraumreisen übermorgen

Urlaub auf dem Mond Für Urlaube auf dem Mond braucht es ein neues Transportgerät, das Touristen bis auf die Mondoberfläche und wieder zurück zur Erde bringen kann, zudem ein Mondhotel für langfristige Besuche. Beides gibt es zurzeit noch nicht – aber natürlich wird auch daran getüftelt. SpaceX entwickelt und testet gerade seine neue Schwerlastrakete *Starship*, die eigentlich für Flüge zum Mars gedacht ist, aber auch Flüge zum Mond möglich macht. Die Rakete wird auf der sogenannten *Starbase* in Boca Chica im US-Bundesstaat Texas gebaut und auch von dort gestartet. Angeblich wird rund um die Uhr daran gearbeitet.

Die *Starship*-Rakete besteht aus der sogenannten *Super-Heavy*-Unterstufe und dem darauf aufgesetzten *Starship*-Raumfahrzeug. Nach dem Start und nach dem Abbrand der Unterstufe löst sich das Raumfahrzeug davon und fliegt weiter zu seinem Ziel. Die Rakete kann bis zu 100 Tonnen Nutzlast in den niedrigen Erdorbit befördern. Nimmt man für eine Person etwa eine Tonne Nutzlast an, dann ließen sich damit 100 Personen in den Erdorbit befördern, zum Mond etwa 20 und auf die Mondoberfläche etwa fünf. Das sind alles geschätzte Werte, denn bis auf die 100 Tonnen gibt SpaceX keine Auskunft über die mögliche Anzahl von Passagieren. Bisher (Stand Januar 2023)

Eine sogenannte Starship Super Heavy auf der Startrampe in Boca Chica, Texas

hat SpaceX kein Datum für einen ersten orbitalen Flug genannt, vermutet wird Mitte 2024.

Eine Reise zum Mond dauert rund drei Tage, genauso wie die Rückreise. Eine Mondumrundungsmission mit *Starship* dauert also etwa sieben Tage. Damit es in der Zeit an Bord nicht langweilig wird (die Situation ist wie auf einer Transatlantik-Schifffahrt), soll es ein ausgiebiges Unterhaltungsprogramm geben, zum Beispiel Konzerte.

Ein Mondumrundungsflug namens *dearMoon* mit dem *Starship*-Raumfahrzeug hat der Künstler Yusaku Maezawa bereits von SpaceX gekauft. Der Flugpreis ist nicht bekannt, dürfte aber bei um die 150 Millionen US-Dollar gelegen haben. Auch Dennis Tito buchte im August 2022 einen einwöchigen Mondumrundungsflug zusammen für sich und seine Frau Akiki bei SpaceX (siehe Weltraumreisen heute, Dennis Tito, S. 157). Wenn *Starship* erstmals 2024 fliegt, könnten diese beiden Mondmissionen etwa im Jahre 2026 stattfinden.

Die Frage ist: Wann wird es möglich sein, als Tourist seinen Fuß auf den Mond zu setzen? Nun, *Starship* sollte zu einem Mondflug in der Lage sein, und SpaceX entwickelt für die *Artemis*-Mondmissionen der NASA gerade ein Landegerät auf Basis von *Starship* – das sogenannte *Starship Human Landing System* (HLS). Dieses soll laut NASA-Zeitplan im Jahre 2025 zur Verfügung stehen, insofern wäre mit einem touristischen Mondlandeflug im Jahre 2027 zu rechnen.

Bei Kurzflügen, also für nur ein bis zwei Tage auf der Mondoberfläche, braucht es kein Hotel auf dem Mond. Das Landegerät reicht für Übernachtungen aus. Aber Sierra Space hat bereits weitergedacht. Warum ihre aufblasbaren *LIFE-Habitat*-Module für die *Orbital Reef*-Station nicht einfach auch auf dem Mond aufblasen und miteinander verbinden? Fertig

Künstlerische Darstellung einer Violinendarbietung auf dem Starship-Raumfahrzeug in einem Erdorbit

ist das Mondhotel. Ich denke, das ist ein einfaches, funktionierendes und daher gutes Konzept – aber erst einmal muss die *Starship*-Rakete her.

Etwas fürs Alter – Reisen zum Mars Elon Musks Traum ist es, die Menschheit zum Mars zu bringen. Dafür will er in die Geschichtsbücher eingehen. Wenn er es schafft – und ich zweifle nicht daran –, dann wird das auch so sein. Genau dafür hat er eigentlich seine *Starship*-Rakete und sein *Starship*-Raumfahrzeug entwickelt. Eine Mission zum Mars ist aber weitaus komplizierter als eine Reise zum Mond. Es würde an dieser Stelle zu weit gehen, die detaillierten Pläne vorzulegen. Ich habe sie mir angeschaut und muss zugeben: Trotz der Komplexität einer Mars-Mission könnte die mit *Starship* klappen. Ich glaube jedoch, dass dies nicht vor Mitte der 2030er-Jahre passieren wird, weil die technische Zuverlässigkeit noch nicht garantiert ist. Wenn

Bei einer Mondumrundungsmission sind Sie immer, egal in welchem Raumfahrzeug, etwa sieben Tage unterwegs

man hinfliegt, möchte man – so die NASA – mit einer Wahrscheinlichkeit von wenigstens 90 Prozent wieder gesund zur Erde zurückkehren. Wir sollten also mit Touristenflügen zum Mars nicht vor Ende der 30er-Jahre rechnen.

Ein Detail, das dabei gerne unterschlagen wird, ist die Dauer so einer Reise. Selbst für einen Vorbeiflug am Mars und die direkte Rückkehr braucht man 500 Tage, bei einer Landung auf dem Mars minimal 700 Tage, einen einmonatigen Aufenthalt auf der Mars-Oberfläche inklusive. Einmal abgesehen von den extrem hohen Kosten eines Mars-Fluges sind die also keine Wochenendtrips. Und die Risiken, dabei sein Leben zu verlieren, sind ungleich höher als bei Mondlandeflügen. Wer also wird so eine Reise unternehmen? Es werden wohl Menschen sein, die den Großteil des Lebens hinter sich haben und daher keine Verant-

Künstlerische Darstellung des für die NASA entwickelten Starship Human Landing Systems von SpaceX

> *Eine Venusumrundung hat optisch nichts zu bieten, denn ihre Atmosphäre ist undurchsichtig, und für eine Landung ist die Oberfläche mit 460 Grad Celsius viel zu heiß.*

wortung mehr für ihre Familie und Nachkommen tragen, und die natürlich auch die Zeit dafür mitbringen. Mars-Reisen sind also etwas fürs Alter.

Elon Musks Mars-Visionen gehen jedoch noch weit darüber hinaus. Er will alle zwei Jahre (öfter geht aus Gründen der Planetenkonstellation nicht) zum Mars fliegen und aus den Landegeräten dort zunächst eine kleine Kolonie und später ein Mars Village aufbauen.

Reisen jenseits des Mars? Könnte es auch bemannte Flüge zur Venus, zum Jupiter oder zum Saturn geben? Ich denke nicht. Denn für eine Venusumrundung hat diese optisch nichts zu bieten – ihre Atmosphäre ist undurchsichtig. Für eine Venuslandung ist die Oberfläche mit 460 °C viel zu heiß. – Überleben ausgeschlossen.

Jupiter und Saturn sind keine festen, sondern Gasplaneten, haben also keine feste Oberfläche, um darauf zu landen. Ein Flug zum Jupiter braucht genau 1000 Tage und ebenso 1000 Tage wieder zurück, insgesamt also fünfeinhalb Jahre. So viel Zeit für einmal nur Gasgucken?! Zudem hat der Jupiter so starke Strahlungsgürtel, dass allein ein Durchflug das Leben kosten kann. Saturn? Noch schlimmer, weil auch nur ein Gasplanet, aber ein Hin- und Rückflug braucht mindestens zwölf Jahre. Solche Visionen können Sie also getrost vergessen.

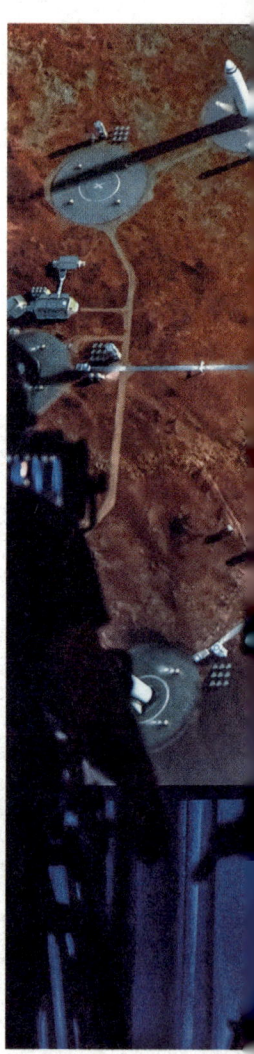

Elon Musk präsentiert auf dem Internationalen Astronautischen Kongress in Adelaide,
Australien, im Jahr 2017 seine Vorstellung
einer menschlichen Kolonie auf dem Mars.

Nachwort

Es ist sehr schwer, Menschen, die noch nie im Weltraum waren, diese einzigartige Erfahrung zu vermitteln. Robert Cenker, Astronaut der Shuttle-Mission STS 61-C im Januar 1986, drückte es einmal so aus: »Von all den Menschen, mit denen ich über die Erfahrung des Weltraums gesprochen habe, können nur diejenigen, die mir am nächsten stehen, mich auch nur annähernd verstehen. Meine Frau weiß am Ton meiner Stimme, was ich meine. Meine Kinder wissen beim Blick in meine Augen, was ich meine. Meine Eltern wissen, was ich meine, weil sie mich damit aufwachsen sahen. Solange man nicht wirklich hingeht und es selbst erfährt, wird man es nie wirklich verstehen.«

Raumfahrt verändert den Menschen. Erst dadurch, dass man durch Raumfahrt Abstand gewinnt, sehen wir unser Leben anders. Dinge, die wir miteinander teilen, werden wertvoller als jene, die uns trennen. Bereits die Griechen der Antike haben den Bewusstseinswandel, der damit einhergeht, geahnt. Dazu der große griechische Philosoph Sokrates (469–399 v. Chr.):

»Der Mensch muss sich über die Erde zum Gipfel der Atmosphäre und darüber hinaus erheben, denn nur dann wird er die Welt, in der er lebt, vollständig verstehen.«

Genau 2400 Jahre später bestätigte der *Apollo 8*-Astronaut William Anders diese Vorahnung:

»Wir waren aufgebrochen, um den Mond zu erkunden, doch wir entdeckten die Erde.«

Raumfahrt ist Rückbesinnung auf das Ich, auf die Rolle, die der Mensch im Universum spielt: Wer sind wir? Woher kommen wir? Wohin gehen wir?

Stellen Sie sich das Geschichtsbuch der Menschheit vor, das in vielen Tausend Jahren geschrieben wird. Was wird darin stehen? Sicherlich die Entstehung des *Homo sapiens* vor etwa 200 000 Jahren und seine Auswanderung aus Afrika. Die Errungenschaften der ersten Hochkulturen vor etwa 6000 Jahren. Das Aufkommen der monotheistischen Weltreligionen vor etwa 2500 Jahren. Der Aufstieg der Wissenschaften und Technologien mit dem Beginn der Aufklärung im Jahre 1700 n. Chr., der den Menschen Wohlstand und ein längeres Leben bescherte.

Und mit Sicherheit der 21. Juli 1969. Kein Mensch wird sich dann daran erinnern, wer damals deutscher Bundeskanzler war oder welche politische Partei die Regierung stellte, also all die Themen, die uns heute bewegen. Wer weiß das heute noch? Was in den Aufzeichnungen aber stehen wird, ist, dass an jenem Tag die Menschheit zum ersten Mal ihren Fuß auf einen anderen Himmelskörper, den Mond, setzte. Damit begann die Eroberung des Weltraums, die seitdem ein wichtiger Teil der Menschheit geblieben sein wird.

»Man wird sich unserer Zeit erinnern, weil wir als Erste Segel zu anderen Welten setzten.« Carl Sagan, 1987

Für mich ist es ein Privileg, auf der Erde gelebt zu haben, als all dies passierte. Und wir alle, die wir als Erste der Menschheit im Weltraum waren, können uns als Wegbereiter dieser Menschheitsentwicklung sehen. Sie wird rasant weitergehen, denn es ist bereits heute jemand unter uns, dessen Fußabdruck im Mars-Boden zurückbleiben wird. Ich erwarte den Tag, an dem das passieren wird.

Wir leben in einer epochalen Zeit der Menschheit – und keiner merkt es.

Glossar

A-LoC *Almost Loss of Consciousness*; Verlust des Situationsbewusstseins ohne völligen Bewusstseinsverlust

Apollo-Programm NASA-Programm mit Mondlandemissionen, 1961–1972

aRED *advanced resistive exercise device*; ein Sportgerät an Bord der ISS

Artemis-Programm das aktuelle Mondmissions-Programm der NASA

ASE *Association of Space Explorers*; Internationale Vereinigung geflogener Astronauten

Astronaut gemäß ASE eine Person, welche Erde mindestens einmal vollständig umkreist hat oder zum Mond geflogen ist, ohne ihn aber notwendigerweise betreten zu haben

Atlantis eines der Space-Shuttles der NASA

Axiom Space Raumfahrtunternehmen aus Houston, Texas, das Weltraumtourismus anbietet; gegründet vom ehemaligen NASA-Programmdirektor für die Internationale Raumstation Michael Suffredini

AxS geplante kommerziell nutzbare Raumstation von Axiom Space

BFR *Big Falcon Rocket*; mittlerweile bekannt als *Starship*, siehe dort

Blackout vollständiger Verlust der Sehfähigkeit; man sieht nur noch Schwarz

Blue Origin Raumfahrtunternehmen; gegründet von Jeff Bezos

Cislunarer Raum erdnaher Raum bis zum Mond

Columbia eines der Space-Shuttles der NASA; verglühte 2003 bei der Rückkehr zur Erde

Crew Dragon Raumschiff des Unternehmens SpaceX für bemannte Missionen

COTS *Commercial Orbital Transportation Services Program*; NASA-Programm zum Aufbau und zur Förderung kommerzieller Raumfahrtunternehmen

Cupola 180-Grad-Rundum-Aussichtsplattform an Bord der ISS

dearMoon privat finanzierte Mondumrundungsmission von SpaceX

Discovery eines der Space-Shuttles der NASA

Dream Chaser Raumtransporter von Sierra Nevada Corp.

DSE-Alpha *Deep Space Expedition Alpha*; privat finanzierte Mondumrundungsmission von Space Adventures

ESA European Space Agency; Europäische Raumfahrtbehörde

FAA Federal Aviation Administration; Luftfahrtbehörde der USA; auch zuständig für Raumflüge, die dazu den Luftraum durchfliegen

FAI Fédération Aéronautique Internationale; international maßgebende Institution für die Luft- und Raumfahrt

Falcon 9-Rakete Trägerrakete des Unternehmens SpaceX

Gemini-Programm zweites bemanntes Raumfahrtprogramm der USA von 1965–1966

g-Kräfte Kräfte, die bei einer Beschleunigung auf (menschliche) Körper wirken, in Einheit der Erdanziehungskraft 1 g

G-LoC *G-induced Loss of Consciousness*; vollständiger Bewusstseinsverlust

Greyout Verlust der Fähigkeit, Farben zu sehen; Vorstufe zum Blackout

Heliopause Schockfront, verursacht durch den ausströmenden Sonnenwind

IAF International Astronautical Federation

Intergalaktischer Raum Raum zwischen den Galaxien

Interplanetarer Raum Raum bis zum letzten Planeten des Sonnensystems bzw. bis zur Heliopause

Interstellarer Raum Raum zwischen den Sternen der Milchstraße

ISS *International Space Station*; Internationale Raumstation

JSC Lyndon B. Johnson Space Center; NASA-Einrichtung in Houston, Texas, in welcher sich das MCC befindet

Kármán-Linie von der FAI festgelegte Grenze zum Weltraum in 100 Kilometern Höhe; benannt nach Theodore von Kármán

KSC John F. Kennedy Space Center; Weltraumflughafen der NASA auf Merritt Island, Florida

LIFE-Habitat aufblasbares Wohnmodul von Sierra Space

Lunar Gateway geplante Raumstation im Rahmen des *Artemis*-Programms, welche den Mond umkreisen soll

MCC Mission Control Center; Missionskontrollzentrum

Mercury-Programm erstes bemanntes Raumfahrtprogramm der USA von 1958–1963

Mir sowjetische bzw. russische Raumstation; wurde 2001 kontrolliert abgestürzt

NASA National Aeronautics and Space Administration; US-amerikanische Raumfahrtagentur

New Glenn Orbitalrakete von Blue Origin

New Shepard Suborbitalrakete von Blue Origin

NewSpace Begriff für die neue, gegenwärtige Raumfahrtära, die zunehmend von privaten kommerziellen Anbietern geprägt wird

Orbit eine Umlaufbahn um die Erde

orbital in einem Orbit

Orbital Reef geplante kommerziell nutzbare Raumstation von Blue Origin und Sierra Space

Orbitalflug Flug mit einem Raumfahrzeug in eine Erdumlaufbahn

Orion Raumfahrzeug für das *Artemis*-Programm

Polaris-Programm drei privat finanzierte touristische Weltraumflüge mit der *Crew Dragon*

puffy face angeschwollenes Gesicht durch Verschiebung von Körperflüssigkeiten in der Schwerelosigkeit

ROSKOSMOS russische Raumfahrtagentur

Saljut-Raumstationen sowjetische Raumstationen, zwischen 1971 und 1991 im Orbit

Sarja-Modul erstes Modul der ISS, seit 1998 im Orbit

Saturn-Raketen Raketen, die für das *Apollo*-Programm entwickelt wurden

Sierra Space Tochterunternehmen der US-Raumfahrtfirma Sierra Nevada Corp.

Skylab erste US-amerikanische Raumstation, gelandet 1979

SLS-Rakete *Space Launch System*; Rakete für das *Artemis*-Programm

Space Adventures Raumfahrtunternehmen aus Vienna, Virginia, USA, das insbesondere in Kooperation mit Russland Weltraumtourismus anbietet

Space Aging diverse degenerative körperliche und geistige Symptome, welche bei einem Langzeitaufenthalt im All auftreten können und Alterserscheinungen auf der Erde gleichen

Spaceport America Weltraumflughafen von Virgin Galactic in New Mexico

Sojus-Rakete sowjetische bzw. russische Trägerrakete

SpaceShipTwo suborbitales Flugzeug von Virgin Galactic

SpaceX Raumfahrtunternehmen, gegründet von Elon Musk

SPS *Single Person Spacecraft*; Vehikel für Weltraumspaziergänge von Genesis Engineering

Starbase Weltraumflughafen von SpaceX in Boca Chica, Texas

Starlab geplante vorwiegend wissenschaftlich genutzte Raumstation von Nanoracks

Starliner Raumfahrzeug von Boeing, das im Auftrag der NASA entwickelt wird

Starship neues Raumfahrzeug von SpaceX, unter anderem für bemannte Mondlandemissionen

suborbital auf einer parabelförmigen Bahn über 100 Kilometer Höhe in den Weltraum mit sofortiger Rückkehr

SV *Space Vehicle*; geplantes Raumfahrzeug für Orbitalflüge von Blue Origin

Tiangong Chinesische Raumstation, seit 2021 im Orbit

Translunarer Raum erdferner Raum ab dem Mond

TransHab aufblasbares Wohnmodul der NASA

Vestibularorgan Gleichgewichtsorgan des menschlichen Körpers

Virgin Galactic Raumfahrtunternehmen, gegründet von Richard Branson

Walk-out das Verlassen des Quarantäne-Gebäudes der Astronauten im KSC zu Fuß, um sich zum Start der Rakete zu begeben

White Knight Two Trägerflugzeug von Virgin Galactic

Zenit-Rakete ukrainische Trägerrakete, die früher von der Sowjetunion bzw. Russland benutzt wurde

Zentrifuge Gerät, mit welchem durch schnelles Drehen Zentrifugalkräfte auf den menschlichen Körper ausgeübt werden können, um hohe g-Kräfte zu erzeugen

Register

Bildnachweis

Illustrationen

Favoritbuero Gbr (Umschlag, Klappe innen vorne); Martina Frank 82, 85, 102, 122, 131, 139, 155; Frederik Jurk/Sepia 34, 60, 80, 106, 166, 192 (Kapitel-Aufmacher); alle übrigen Illustrationen inkl. Cover Shutterstock/ledokolua

Fotos

Alamy Stock Photo 38, 41, 44_2, 126, 150/151, Geopix 11, 153, NASA Photo 197, SpaceX 210, UPI 146, 148_1; Association of Space Explorers (ASE) 90, 91; BLUE ORIGIN 124; Cpg100/CC BY-SA 3.0 73; ddp 92, 119, 148_2, 201_1, 201_2, abaca press 147, INSTAR 199_1; elysiumspace.com 163; European Space Agency 138; gemeinfrei 48_1; imago: Cover-Images 118, 130, 202–203, Danita Delimont 117_2, piemags 204, ZUMA Wire 128, 205, 211; INTERFOTO: Mary Evans/ AF Archive/Bildarchiv 45, Sammlung Rauch 39, UIG/Sovfoto 50; laif: UPI 207; mauritius images: Collection Christophel 44_1, dcphoto/Alamy 14, History and Art Collection/Alamy 37, Judd Irish Bradley/ Alamy 117_1, NASA Photo/Alamy 142; NASA 2, 15, 21, 23, 24, 25_1, 25_2, 26/27, 28/29, 30, 31, 32, 33, 46, 48_2, 51, 52, 54, 55, 56, 57, 59, 65, 68, 75, 76/77, 86, 95, 97_2, 99, 133, 134/135, 137, 140, 144, 149, 158, 159, 168, 169, 170, 171, 173, 174, 176, 177, 179, 180/181, 182, 183, 184, 185, 187, 191, 198; picture alliance: AP Photo 97_1, Cover Images 109, 199_2, dpa 67, EPA-EFE 213, PictureLux/The Hollywood Archive 62, ZUMAPRESS.com 129, RIA Nowosti 47; rawpixel.com: SpaceX Launch & Exploration Images 12/13; Shutterstock. com 208, U4; The Mega Agency: Blue Origin 200; Ulrich Walter Archiv 7, 195

Impressum

© 2023 GRÄFE UND UNZER
VERLAG GmbH, Postfach 860366,
81630 München

POLYGLOTT

POLYGLOTT ist eine eingetragene Marke
der GRÄFE UND UNZER VERLAG GmbH

ISBN 978-3-8464-0905-3

1. Auflage 2023

Text: Prof. Dr. Ulrich Walter
Redaktion und Projektmanagement:
Benjamin Happel
Lektorat: Kai Wieland, Julia Rietsch,
Verlagsbüro Wais & Partner, Stuttgart
Bildredaktion: Dr. Nafsika Mylona,
Prof. Dr. Ulrich Walter
Satz: Verlagsbüro Wais & Partner, Stuttgart
Schlusskorrektur: Michaela Franke
Umschlaggestaltung und Layout:
Favoritbuero Gbr
Herstellung: Gloria Schlayer
Repro: Medienprinzen, München
Druck und Bindung: Livonia Print,
Lettland

Wichtiger Hinweis

Die Daten und Fakten für dieses Werk
wurden mit äußerster Sorgfalt recher-
chiert und geprüft. Wir weisen jedoch darauf hin, dass diese Angaben häufig Veränderungen unterworfen sind und
inhaltliche Fehler oder Auslassungen nicht
völlig auszuschließen sind. Für eventuelle
Fehler oder Auslassungen können Gräfe
und Unzer und die Autoren keinerlei Ver-
pflichtung und Haftung übernehmen.

Ansprechpartner für den Anzeigenverkauf:

KV Kommunalverlag GmbH & Co. KG,
MediaCenter München, Tel. 089/928 09 60

Bei Interesse an maßgeschneiderten B2B-Produkten:

b2b-kontakt@graefe-und-unzer.de

Leserservice

GRÄFE UND UNZER Verlag
Grillparzerstraße 12, 81675 München
www.graefe-und-unzer.de

Umwelthinweis

Nachhaltigkeit ist uns sehr wichtig. Der
Rohstoff Papier ist in der Buchproduktion
hierfür von entscheidender Bedeutung.
Daher ist dieses Buch auf PEFC-zertifi-
ziertem Papier gedruckt. PEFC garantiert,
dass ökologische, soziale und ökonomi-
sche Aspekte in der Verarbeitungskette
unabhängig überwacht werden und
lückenlos nachvollziehbar sind.

GRÄFE
UND
UNZER

Ein Unternehmen der
GANSKE VERLAGSGRUPPE

ALLES, WAS MAN WISSEN MUSS

SPIEGEL-Bestsellerautor Ulrich Walter erklärt in seinem Buch "Die verrückte Welt der Physik" fast alles – gewohnt verständlich und unterhaltsam.

»Ulrich Walter kann uns alles zum Thema Weltraum sagen. Er ist unser Mann am Mond.«
MARKUS LANZ

»Physik meisterhaft erklärt.«
BILD DER WISSENSCHAFT

»Keiner vermittelt Wissen so gern und anschaulich wie Ulrich Walter.«
NACHRICHTENSENDER WELT/N24 DOKU

KOMPLETTMEDIA